图1　茶圣陆羽

图2　明 · 陈洪绶品茶图



中国茶文化丛书

# 饮茶习俗

姚国坤　朱红缨　姚作为　编著

图3　清 · 螺钿品茶图

图4　清 · 尚勋桐荫煮茗笔筒

图5　在韩国茶礼中，还可见到中国古代烹茶法

图6　日本茶道，源于中国，又富含本国特色

图7　俄罗斯姑娘在中国学习品茶论水

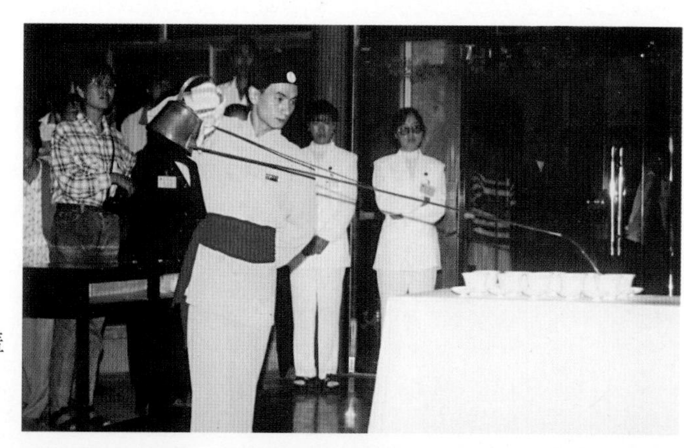

图8　巴蜀风味的盖碗茶冲泡法

图 9　佛寺弘茶

图 10　三茶六酒　祭天祀神

图 11　茶宴

图 12　以茶代酒
其乐融融

图 13　茶话会

图 14　从小做茶人

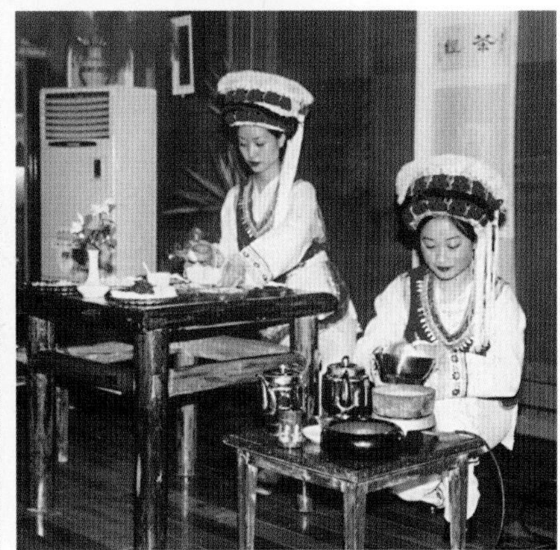

图 15　白族三道茶

图 16　藏族酥油茶

# 饮茶习俗

姚国坤 朱红缨 姚作为 编著

中国茶文化丛书

中国农业出版社

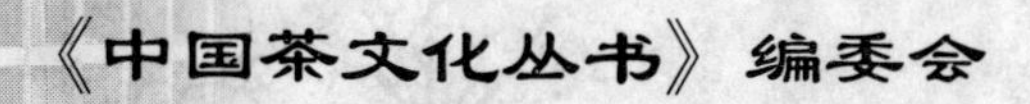

# 《中国茶文化丛书》编委会

浙江省政协主席、中国国际茶文化研究会会长

刘枫　题词

# 《中国茶文化丛书》序一

我国是茶树发源地，也是发现和利用茶叶最早的国家。历史悠久，茶文化源远流长。中国饮茶之久、茶区之广、茶艺之精、名茶之多、品质之好，堪称世界之最。

中国茶文化有4 000多年的历史，内容广泛，它包括自然科学、人文科学，既有物质的，又有精神的。茶文化是物质文明和精神文明的结合。“清茶一杯”、“客来敬茶”，既有物质上的享受，又“精行俭德”，对情操的陶冶。代表了高雅朴实的民族风尚。茶文化是华夏优秀文化的一个重要组成部分。

中国国际茶文化研究会副会长、高级工程师于观亭主编，全国著名茶叶专家、教授、茶文化学者参与编写的这套茶文化丛书，从茶文化起源与发展、饮茶与健康、名山出好茶、名泉名水泡好茶、各民族的饮茶习俗、茶具与名壶、文人的茶诗画印，到中国茶膳的形成与发展等各个方面，阐述了丰富多彩、内容广泛的中国茶文化，既有科学性，又有趣味性。是一套茶文化的科普丛书，是一套健康向上的好书。

最后祝中国茶文化繁荣昌盛，茶产业不断壮大，以适应我国“入世”后的经济发展。

于光远

2002.2.26

# 《中国茶文化丛书》序二

我国唐朝陆羽在《茶经》里指出："茶之为饮，发乎神农氏，闻于鲁周公。"诸多历史典籍说明，我国自古就是茶的原产地，也是世界饮茶文化的起源地。在漫长的岁月里，中华民族在茶的发现、栽培、加工、利用，以及茶文化的形成、传播与发展方面，为人类的文明与进步书写了灿烂的篇章。

随着人类文明程度的提升，茶作为一种健康饮料，跻身于世界三大饮料行列，其内涵与功能也在与时俱进。在原有的中国传统经济作物与传统重要出口商品的基础上，茶文化与膳食文化又有机结合，使原有的茶文化得到新发展。进一步传播更加丰富的茶文化知识，是发展农业生产的需要，也是提升有中国特色社会主义社会的物质文明与精神文明程度的需要。

要把茶文化推向社会，就要让茶文化从学者的书斋里走出来。茶文化类图书应运而生。中国农业出版社传播茶文化素有佳绩，现在他们又策划出版《中国茶文化丛书》，成为同类图书的佼佼者之一。这套丛书阐述了中国茶文化的历史渊源与发展，内容广博，文字生动，融科学性与可读性为一体，使实用性与消闲性相结合，为普及、传播和发展茶文化做了有益的工作。

在此，我高兴地向广大读者推荐这套丛书，并祝愿以这套丛书的出版为契机，使我国的茶文化与茶产业都更上一层楼，为全面建设小康社会做出新的贡献。

姜習谨识

二〇〇二年二月二十四日

# 目　录

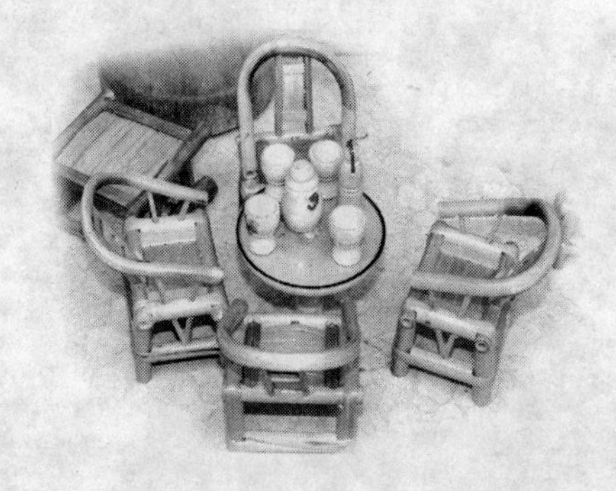

# 第一章 饮茶的源和流

## 第一节 饮茶的起源与发展

### 一、饮茶探源

远古时代的中国，生产力还很落后，人类生活还处于原始时期时，人们在谈到一件事物的起源时，往往将其假托于某一个人，或者神，这是常有的事，如燧人氏钻木取火，仓颉造字，刘安制豆腐等等。茶的发展和利用也不例外，相传始于神农。

神农，中国尊其为“三皇”之一，大约生活在距今 4 600 年前。那时人们过着原始的采集渔猎生活。于是，他用木制耜，教民耕作，从事农业。他还遍尝百草，发现药物，教人治病。据成书于东汉的《神农本草》记载：“神农尝百草，日遇七十二毒，得荼而解之。”说的就是神农为了寻找可以治病的植物，不幸中毒，而最后获得茶这种解毒植物，才免中毒之害。而现代中药学已证明，茶确有解毒之功效。而事实上，我们的祖先最初也确实把茶作为药物利用开始的。但茶作为饮料，又是什么时期开始的呢？《中国风俗史》载：“周初至周中叶，饮物有酒、醴、浆……此外，犹有种种饮料，而茶其最著者。”对此，被后世称为“茶圣”、誉为“茶仙”，尊为“茶神”的唐代陆羽，在他编著的中国，也是世界上第一部茶书《茶经》时，也谈到："茶之为饮，发乎神农氏，闻于鲁周公，齐有晏婴，汉有扬雄、司马相如，吴有韦曜，晋有刘琨、张载、远祖纳、谢安、左思之徒，皆饮焉。"在这里，神农是一个在传说中被神化了的人物，也可以理解为一个与天奋斗，与地奋斗的先民代表，但不管怎样，在历代典籍中，都继承了这一传说。而鲁周公、晏婴等则实有其人。鲁周公是封于鲁国的周武王之弟周公；晏婴则是春秋时代以生活简朴著称，他每餐仅"食脱粟之饭，炙三弋五卵，茗菜而已"的齐国宰相。因此，有人认为，最先知道饮茶的人，首推春秋战国时的周公和晏婴，他们也是饮茶的先驱。但鲁、齐都在中国的北方，泛指现今的山东一带，地处中国的北方，而茶乃是"南方之嘉木也"。按此推算，南方饮茶将更早。陆羽在《茶经》中未曾提及，北方是如何知道饮茶的，其茶又来自何处？为此，人们又试图从南方产茶省去寻找最早的饮茶记录。据东晋常璩的《华阳国志·巴志》载：公元前1 000多年周代的巴蜀地区，已经"园有芳蒻（香蒲）、香茗（茶）。"、"南安（今四川乐山）、武阳（今四川彭山），皆出名茶。"这表明距今3 000多年前的周代，人们已经人工栽培茶树，生产茶叶了。还写到："周武王伐纣，实得巴、蜀之师，著乎《尚书》……，土植五谷，牲具六畜，桑、蚕、麻、纻、鱼、盐、铜、铁、丹、漆、茶、蜜……皆纳贡之。"说明在当时社会生活中茶具有相当重要的地位和作用了。尤其在古代生产力低下的情况下，有一点好的东西，作贡敬献给帝王，也就不足为奇了。但在此并未明确谈到茶是饮料。尔后，在西汉辞赋家王褒的《僮约》中，则有"烹茶尽具"、"武阳买茶"之句，王褒在这份"契约"中，写到西汉时期至少在四川一带，茶已经相当普遍，并出现了较大规模的茶叶市场。假托西汉·东方朔所著的神怪故事集《神异记》中载：余姚人虞洪上山采茶，遇见一位道士，牵着三头牛。这个道士带着虞洪到瀑布山，对他说，我是丹丘子，听说你很会煮茶，常想请你给我品尝。这山里有大茶，可以给你采摘，以后你有多余的茶，请给我一些。这里所指的丹丘子，乃是汉代的一个"仙人"，无此可能，但也不是无中生有，书中提到的浙江余姚的瀑布山，有此县，有其山，历来也确是名茶产地。唐陆羽《茶经》称："越州余姚县有瀑布泉岭，曰仙茗，大者殊异。""大者"即虞洪所采的"大茗"也。如果对《僮约》、《神异记》所载还有异议，那么，依据《三国志·吴书·韦曜传》中提到的三国吴国国君孙皓，每次宴请，座客至少饮酒7升，而韦曜酒量不过3升，对此，孙皓优礼有加，暗中给韦曜赐茶，以茶代酒。这茶当属饮料无异，并说明其时饮茶已在上层社会中普及开来。清代顾炎武在《日知录》中提出：北方"自秦人取蜀而后，始有茗饮之事。"那么，作为茶树原产地的巴蜀一带，饮茶理应在"秦人取蜀"之前，结合唐代陆羽在《茶经》中提及的茶人、茶事，茶由药用发展成为饮料，并从南到北、由西向东逐渐传播开来，当在春秋战国至秦汉之时。



## 二、饮茶由上层普及民间

从史料记载来看，中国在春秋战国时期，开创了饮茶的先河，至迟在秦汉时，茶已作为一种饮料而问世。但在当时，茶虽出自民间，但茶作为一种奢侈品，为贵族王公所享用。

自秦至三国的400余年间，饮茶逐渐开始普及。前引韦曜以茶当酒，说明三国时期，现今的江、浙一带，至少已在上层社会中普及开来。晋代时，晋惠帝司马衷，因"四王起事"，惠帝出走避难，"后来惠帝自荆还洛，有一人持瓦盂盛茶，夜暮上至尊，饮以为佳。"这就是陆羽在《茶经》中提到的"黄

门以瓦盂盛茶上至尊”。又据《晋书·艺术传》记载：晋代敦煌人单道开，曾学习辟谷，不食一切谷物，在河南昭德寺修行7年，在室内坐禅过程中，用饮“茶苏”来防止睡眠，表明晋时，上至王室，下至佛门，饮茶得到进一步普及。

南北朝时，据唐代陆羽《茶经》引《宋录》载：南朝宋新安王刘子鸾和其兄豫章王刘子尚，同去八公山拜访昙济道人。道人以茶相待，刘子尚在品尝后说，这是真正的甘露，怎能说是茶呢?！但当时饮茶还得不到普及。据《后魏录》载：琅琊王肃在南朝做官时，喜欢饮茶和喝莼菜羹。后来回到北方，又喜欢羊肉和奶酪。有人问他，“茗何如酪！”王肃答：“苟不堪与酪为奴?”说明当时北方对茶知之不多。杨衒之的《洛阳伽蓝记》亦载：南北朝时，北方的北魏还把饮茶看成是奇风异俗，“皆耻不复食”。可见当时地处山西北部和内蒙古一带的北魏，饮茶之风尚未形成。

隋、唐时，饮茶之风已普及到民间。这是因为自秦汉至唐，历经800余年。其间历经三国、两晋、南北朝，长期处于战争动乱状态。隋代，虽有一个安定时期，但为时不长。政权很快就落入李家王朝。到了统一而又强盛的唐代，对农业采取了均田、减赋措施，使包括茶在内的农业很快得到发展，也促进了茶的生产、贸易和消费。唐代大诗人白居易在《琵琶行》诗中曰：“老人嫁作商人妇，商人重利轻别离。前月浮梁买茶去，去来江口空守船。”唐代封演的《封氏闻见记》也载：“其茶自江淮而来，舟车相继，所在山积，色额甚多。”都反映了当时茶业生产一片繁荣景象。而中唐以后，唐王朝又采取禁酒，以及提高酒价的措施，从而使得不少嗜酒的人转向饮茶，以茶代酒的结果，大大促进和普及了饮茶风尚。而唐时文化的发展，涌现了众多的文学家和诗人，诸如李白、颜真卿、刘禹锡、柳宗元、杜牧、齐己、白居易、温庭筠、李德裕、皮日休、陆龟蒙等，他们品茶、赋诗、作文，进一步推动了饮茶之风的普及，所以，《新唐书·陆羽传》中载："羽（指陆羽）嗜茶，著经三篇，言茶之原、之法、之具尤备，天下益知饮茶矣！"《封氏闻见记》也载："有常伯熊者，又因鸿渐之论，广润色之，于是茶道大行。"进而还谈到："自邹、齐、沧、棣，渐至京邑城市，多开店铺，煎茶卖之，不问道俗，投钱取饮。"表明在当时爱茶文人的推动下，饮茶只要投钱，即可自取随饮。其时，茶已不再是士大夫和贵族阶层的专利品，而是成为普通百姓的饮料。

唐代的饮茶风尚还远及边疆地区，诸如新疆、西藏、内蒙古等地的兄弟民族，在领略了饮茶对食用奶、肉制品后，有助于消化的特殊作用，以及茶的风味，也视茶为最珍贵的饮料。所以，《封氏闻见记》说："按此古人亦饮茶耳，但不如今人溺之甚，穷日尽夜，殆成风俗，始自中地，流于塞外。"

宋代，饮茶之风更是盛行，不论贫贱富贵之家，茶已成了老少咸宜的生活必需品。宋代李觏在《盱江集》中无不感叹地说："茶非古也，源于江左，流于天下，浸淫于近代，君子小人靡不嗜之，富贵贫贱靡不用也。"宋代王安石在《议茶法》中也说："夫茶之用，等于米盐，不可一日以无。"把茶放在日常生活中与米盐等同的地位。所以，饮茶有"兴于唐，盛于宋"之说。据宋代熊蕃的《宣和北苑贡茶录》载："太平（宋太宗年号）兴国初，特置龙凤模，遣使北苑造团茶。以别庶饮，龙凤茶盖始于此。"北苑是指设在福建省建安（今建瓯）的贡茶园。北苑贡茶名目繁多，如太平兴国为龙凤茶，至道初为石乳、白乳等。咸平中，时为福建路转运使的丁谓，为达到"贡茶邀官"的目的创造了龙凤团，即大龙团茶。庆历时，大书

法家蔡襄，步丁谓后尘，为讨好皇上，又创造小龙团茶。他在《北苑造茶》诗序中说：“是年，改而造上品龙茶，二十八片仅得一斤，无上精妙，以甚合帝意，乃每年奉献焉”。宋代的欧阳修在《归田录》中说这种“无上精妙”的小龙团茶，“凡二十饼重一斤，其价直金二两，然金可有，而茶不可得。”二两黄金还买不到一斤茶，足见小团茶之珍贵。为此，丁、蔡两人这种献媚邀宠的造茶行为，理所当然地受到了他人的讽刺。宋代大诗人苏东坡曾用诗讽刺道：“武夷溪边粟粒芽，前丁（谓）后蔡（襄）相笼加。争新买宠各出意，今年斗品充官茶。”

宋人饮茶之风的盛行，还表现在斗茶和茶百戏上，前者是指斗茶的品位和技艺，后者是指茶艺游戏。这种饮茶风俗，先在上层社会流行，后在普通百姓中普及开来，最后竟连大宋皇帝也不例外，尤其是宋徽宗赵佶，主国昏庸，但诗、书、画无一不精，对饮茶也颇有研究。他在大观元年（1107）亲自写了一篇《茶论》，后人称之为《大观茶论》，说：“本朝之兴，岁修建溪之贡，龙团凤饼，名冠天下。”还说：“近岁以来，采择之精，制作之工，品第之胜，烹点之妙，莫不胜造其极。”他还召集群臣，举行茶宴，亲自注汤击拂点茶，作为对臣属的一种恩赐。宋徽宗以一国之尊，亲写茶书，亲自沏茶，在古今茶文化史上，可称得上是空前绝后第一人。由此可见宋代饮茶之风的普及与盛行。



元代，为时不长。其饮茶方式基本沿用了宋人的习俗。不过自元代开始，由于开放了西北市场，从而使得饮茶之风，在西北边疆少数民族地区，得到进一步普及。至于元代茶叶产地主要分布在长江流域、淮南及两广一带，与宋代相差不多。

明代，在饮茶文化发展史上，是一个重要时期。如上所述，明人由于茶类加工方法起了根本变化，使饮茶方式、方法也发生了重大的变化。但特别值得一提的是明太祖朱元璋，他不但于洪武二十四年九月十六日下了一道诏令，“罢造龙团（茶），一照各处，采芽以进。”从此停止团饼茶制作，使散茶生产得到发展。而茶类的改变，又推动了茶器的改革和生产。与此同时，明太祖还强化了“茶马交易”政策。

茶马交易始于唐代；宋时设榷茶（意为茶叶专卖）、买马司，又设大提举茶马、提举茶事并兼理马政；元代，因朝政以蒙古族人为主，所以，废止了宋代的茶马政策；明代，不但恢复了茶马政策，而且还得到了强化。这是因为边疆一带的少数民族，以畜牧业为生，一日三餐以食奶、食肉为主，很少吃到蔬菜瓜果，而饮茶有助消化，当他们领略到饮茶的好处后，再也离不开茶，故有“一日无茶则滞，三日无茶则病”之说。但当时在中国边疆的少数民族，虽嗜茶，可不产茶，于是便给历代统治者以茶治边的政策提供了条件，明代的茶马政策，是历代统治者中最严厉的。明太祖朱元璋为“杀一儆百”，还以贩卖私茶之罪，处决了他的三爱女之夫、驸马欧阳倩。这一政策，直延续到清雍正末年才废止。



进入清代，饮茶之风盛况空前，饮茶已深入到社会各个角落，人们生活中离不开茶，使饮茶又登上了一个新的高峰。在这方面，最有代表性的人物，就是乾隆皇帝爱新觉罗·弘历。他在位 60 年，据说在 83 岁退位时，群臣无不惋惜地称：“国不可一日无君!”而他却哈哈大笑：“君不可一日无茶!”史载乾隆一生 6 次巡幸江南，曾四上杭州西湖龙井茶区，每次都作龙井茶诗，分别作有：《观采茶作歌》、《观采茶作歌》、《坐龙井上烹茶偶成》、《再游龙井作》。此外，还作有三首追忆西湖龙井茶的诗篇。

如今，茶已成为举国之饮，不但是物质生活的必需品，而

且是精神生活的重要内容，还是文化生活的组成部分。由于茶集天然、营养、健康于一体，可以预言，茶终将成为21世纪的“世界饮料之王”。

## 三、饮茶方法的演变

在4 600年前的神农时代，人类还处于母系氏族社会，当最初发现茶具有解毒作用时，人们生吃茶，以作疗疾之用。尔后，又由药用转为食用。我们的先人把茶树上的鲜叶采下来晒干，需要时，烹煮饮用，这就是常说的“原始粥茶法”。以后，遇到下雨时，无法晒干，又把采来的茶树鲜叶摊晾，压紧在容器里，过一段时间，再直接食用，这便成为后来直接食用的腌茶。至今在云南的少数民族中，仍有这种加工腌茶和食用腌茶的习惯。

在汉代的《尔雅·释木篇》中，写到“槚”，也就是“苦茶”，其实，指的就是茶。说到把茶煮熟当菜吃，这种习俗，还一直保持到现在。如在中国西南边陲的兄弟民族中，基诺族有制凉拌茶的习惯；哈尼族、景颇族有制竹筒腌茶作蔬菜食用的做法。这些，就是中国古代用茶熟吃当菜的延续。



以后，随着社会的不断发展，人类生活也有了一定改善，就开始把茶树上采下来的鲜叶，发展到经过手工加工后烹煮饮用。这可在三国·魏《广雅》的有关记载中找到印证。其中，谈到：“荆巴间采叶作饼，成以米膏出之。若饮，先炙令色赤，捣末置瓷器中，以汤浇覆之，用葱、姜芼之。”[①] 表明此时，饮茶已由生叶煮作羹饮，发展到烹煮饮用。

隋唐时，随着饮茶之风的普及，与早先相比，饮茶方法也更加讲究。据《茶经》记载：唐代时，人们喝的是经过蒸压而

---

① 此条不见于今本《广雅》，引自《太平御览》卷八六七。

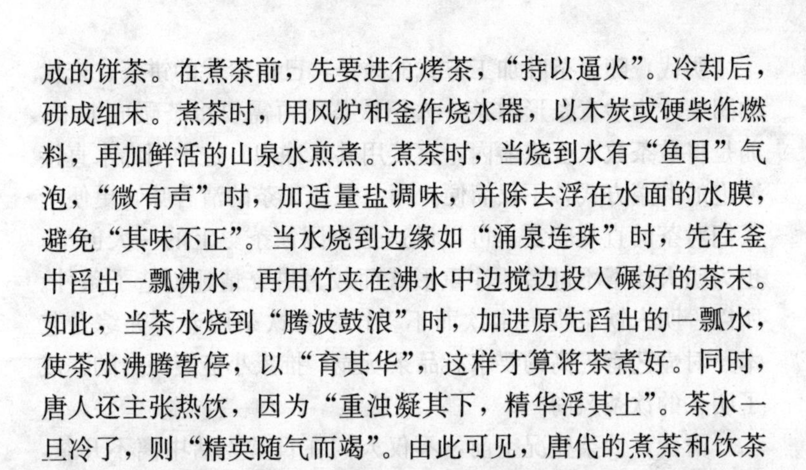

成的饼茶。在煮茶前，先要进行烤茶，“持以逼火”。冷却后，研成细末。煮茶时，用风炉和釜作烧水器，以木炭或硬柴作燃料，再加鲜活的山泉水煎煮。煮茶时，当烧到水有“鱼目”气泡，“微有声”时，加适量盐调味，并除去浮在水面的水膜，避免“其味不正”。当水烧到边缘如“涌泉连珠”时，先在釜中舀出一瓢沸水，再用竹夹在沸水中边搅边投入碾好的茶末。如此，当茶水烧到“腾波鼓浪”时，加进原先舀出的一瓢水，使茶水沸腾暂停，以“育其华”，这样才算将茶煮好。同时，唐人还主张热饮，因为“重浊凝其下，精华浮其上”。茶水一旦冷了，则“精英随气而竭”。由此可见，唐代的煮茶和饮茶方法已相当讲究。至于上层社会，不但煮茶精细，而且更讲究意境。当时出现的茶宴和茶会，就是如此。

宋代，饮茶之风尤盛。北宋蔡絛在《铁围山丛谈》中写到：“茶之尚，盖自唐人始，至本朝为盛。而本朝又至祐陵（即宋徽宗）时益穷极新出，而无以加矣！”连宋徽宗赵佶也不无得意地称：“采择之精，制作之工，品第之胜，烹点之妙，莫不胜造其极。”足见宋代饮茶之风的盛行。不过，唐代饮茶方法以煮茶为主，而宋时则推行的是“点茶”，这就是“唐煮宋点”。点茶时，先要将饼茶碾碎，过罗（筛）取其细末，入茶盏调成膏。同时，用瓶煮水使沸，把茶盏温热，认为“盏惟热，则茶发立耐久”。调好茶膏后，就是“点茶”和“击沸”。所谓“点茶”，就是把瓶里的沸水注入茶盏。点水时要喷泻而入，水量适中，不能断断续续。而“击沸”，就是用特制的茶筅（形似小扫帚），边转动茶盏、边搅动茶汤，使盏中泛起“汤花”。如此不断地运筅击沸泛花，使烹茶进入美妙境地。

元代，饮茶的形式和方法基本上沿袭了宋人的习俗，并起到下启明、清的作用。

明代，随着茶叶加工方式的改革，已由唐代的饼茶、宋代的团茶改为炒青条形散茶，人们饮茶不再需要将茶碾成细末，而是将散茶放入壶或盏内，直接用沸水冲泡。这种用沸水直接冲泡的沏茶方式，不仅简便，而且保留了茶的清香味，更便于人们对茶的直观欣赏，可以说这是中国饮茶史上的一大创举，也为明人饮茶不过多地注重形式而较为讲究情趣创造了条件。所以，明人饮茶提倡常饮而不多饮，对饮茶用壶讲究综合艺术，对壶艺有更高的要求。品茶玩壶，推崇小壶缓啜自酌，成了明人的饮茶风尚。

清代，饮茶盛况空前，不仅人们在日常生活中离不开茶，而且办事、送礼、议事、庆典也同样离不开茶。茶在人们生活中占有重要的地位，此时，我国的饮茶之风不但传遍欧洲，而且还传到美洲新大陆。

近代，茶已渗透到我国人民生活的每个角落，每个阶层。以烹茶方法而论，有煮茶、煎茶和泡茶之分；依饮茶方法而论，有喝茶、品茶和吃茶之别；依用茶目的而论，有生理需要、传情联谊和精神追求多种。总之，随着社会的发展与进步、物质财富的增加、生活节奏的加快以及人们对精神生活要求的多样化，中国人的饮茶尽管沿用了明代开始，以散茶冲泡为主的清饮方法，但已变得更加丰富多彩了。

## 第二节　饮茶的内传与外播

### 一、饮茶在国内的传播

茶被神农发现时，只能是在自然状态下的野生茶，当时是作为药用的。人类有目的地利用茶，必定是在茶成为田园作物

之后。历史文献表明，中国人工种植茶树，应在周代或周代之前。据东晋·常璩的《华阳国志·巴志》载：在周代的巴蜀一带，已经园有“芳蒻香茗”。可见，先人种茶至迟在周代，至今已有 3 000 多年历史了。而植茶产茶，为日后茶事兴旺与饮茶普及提供了基础。

唐代陆羽在《茶经·六之饮》中说，周公和晏婴是中国饮茶的先驱，是最先饮茶的人。但齐和鲁均地处中国北方，事实上茶树的原产地在中国的西南地区，所以，唐代陆羽《茶经》中又说：“茶者，南方之嘉木也。”确切地说，饮茶之风，南方更应早于北方。可惜，南方有关饮茶的记载，却首见于西汉辞赋家王褒的《僮约》，其中有“烹茶尽具”，“武阳买茶”的条文。表明当时，不但有人饮茶，而且还有卖茶的茶叶市场。

自从茶作为饮料，由药用时期发展至成为饮用时期之后，植茶产茶的巴蜀地区，随着历史的发展，饮茶之风逐渐由中国的西南地区，特别是由长江中上游的巴蜀地区，逐渐自西向东，由南向北传播开来。三国时，吴国国君孙皓密赐韦曜以茶代酒。吴国当时建都建业（今江苏南京），占有今长江下游地区及福建、广东等地。说明三国时，饮茶已传至现今的长江下游地区及华南一带。

晋代时，茶已由少数人享受的奢侈品，逐渐演变成为普通饮料；进而，还视饮茶为勤俭的象征。如东晋吴兴（今浙江湖州）太守、后来曾任吏部尚书的陆纳，主张以茶招待卫将军谢安。又如东晋从安西将军擢升为征西大将军的桓温，在任扬州（治所在今南京）牧时，每逢宴请宾客，只设 7 盘茶果等。还有南朝齐武帝，在死前立下诏书，在他的灵座上勿以牲为祭，只需茶饮等。上述这些例证，说茶已从西向东，直至长江

下游一带，已在较大范围上得到饮用。

隋唐时，特别是在盛唐时，随着丝绸之路的开通，茶叶贸易非常发达。据唐代封演的《封氏闻见记》载："其茶自江淮而来，舟车相继，所在山积，色额甚多。"表明其时，茶叶贸易已相当发达。唐代白居易在《琵琶行》中也谈到，商人为了追逐茶的利润，对离家抛妻别子，也不以为然，从中可以看出茶对商人的诱惑。而当时产茶的区域，已大大超出巴蜀地区。据陆羽《茶经·八之出》载：当时，产茶地区已扩大到相当于现今的 14 个省、自治区、直辖市，即：四川、重庆、湖北、湖南、安徽、江西、江苏、浙江、福建、广西、广东、贵州、陕西、河南。云南当时因隶属南昭等国，故而未曾列入。茶叶生产的发展，又推动了饮茶之风的普及。所以《封氏闻见记》载当时茶道大行，王公朝士无不饮者。还说："南人好饮之，北人初不多饮。开元中……自邹、齐、沧、棣，渐至京邑城市。多开店铺，煎茶卖之，不问道俗，投钱取饮。""按此古人亦饮茶耳，但不如今人溺之甚，穷日尽夜，殆成风俗，始自中地，流于塞外。"这里，至少可以看出三点：一是饮茶已由上层社会普及到民间；二是饮茶之风进一步向北方推移；三是饮茶之风已传入塞外。特别是随着文成公主的入藏，开了西藏饮茶之先河，并且使饮茶之风在西藏也逐渐传播开来。

宋代茶叶产区，主要在长江流域及淮南一带。据《宋史·食货志》载：产茶区域有 66 个州军。宋人饮茶，与唐人相比，流传范围更广，普及程度更深。

另外，人们也可以从河北宣化下八里出土的辽代墓群的茶艺壁画图中得到印证。这些墓的主人，大都是属地主或富商，从墓壁图的茶艺内容来看，都与宋代推行的点茶技艺基本一致，它们都是当时北方民族饮茶的写照。尽管辽与宋对峙，也是统治中国北部的一个王朝，但饮茶之风不减宋室天下。到此，饮茶之风已传遍中华大地。自宋以后，历经元、明、清，直至当今社会，种茶已发展到全国20个省、自治区、直辖市，饮茶已遍及整个中国，深入各个阶层，每个角落。进而，还使饮茶内容，变得更加丰富多彩；饮茶方法，变得更趋多样化；饮茶要求，变得更具个性化。以提倡饮茶艺术，追求精神生活，推动社会进步为旨意的饮茶文化，已呈现出一派欣欣向荣的景象。茶，已成为中华民族的举国之饮。

## 二、饮茶风尚的向外传播

据统计，目前饮茶已遍及全世界的150多个国家和地区，人均年饮茶0.5千克，日均消费近40亿杯，在世界“三大饮料”（茶、咖啡和可可）中，茶已成为最大众化、最有益身心健康的一种饮料。追忆世界各国的饮茶历史和发展轨迹，其饮茶风尚，都直接或间接地源于中国。

中国茶作为饮料向外传播，历史久远。早在西汉（公元前206—公元8年）时期，随着张骞出使西域（公元前138年），开创了有名的“丝绸之路”，中国的茶叶也随之从陆路传播到阿拉伯国家，使饮茶之风向中亚、西亚和南亚一带延伸。以后，又从水路传播到东邻高丽和日本。中韩两国佛教的友好交往源远流长，早在南朝·陈（557—589年）时新罗僧缘光即于天台山国清寺智者大师门下服膺受业。随着佛教天台宗和华严宗的友好往来，饮茶之风很快进入朝鲜半岛，并从禅院扩展到民间。以后，新罗德兴王又派遣唐大使金氏来华，其时唐文宗（827—840年）赐予茶籽，朝鲜开始种茶。从此，饮茶之风很快在民间普及开来。中日两国一衣带水，文化交流频繁，

饮茶之风传入日本，一般认为始于汉代，但有确切史料记载的是在唐代。公元729年，即日本圣武天皇天平元年四月八日，天皇召百僧，听般若（佛），讲经赐茶，表明其时日本已开始饮茶。在向日本传播饮茶过程中，中国唐代的鉴真大师起过重要的作用。公元753年，鉴真大师第六次东渡日本成功，在带去佛教经典的同时，也将中国的茶文化和饮茶风尚传到日本。而许多来中国学佛的日本高僧，又是中国茶文化传播的友好使者。唐贞元二十年（804）九月，日本高僧最澄及其弟子义真来中国天台山国清寺留学，翌年三月回国时带去茶籽种茶。此后，日本高僧空海几次往返于日本和中国，在品到茶的真趣后，回国时也带去了茶种。最澄和空海可以说是日本栽茶和饮茶的先驱。特别值得一提的是宋代，日本高僧荣西禅师两度来华学佛，对中国饮茶文化传播到日本，以及对日本后来茶的发展、品饮茶道的形成，都起到了重要的作用。荣西禅师是日本传播中国茶文化的非凡使者，日本人们尊称他为“茶师荣西”、“日本的陆羽”是当之无愧的。16世纪以后，中国的饮茶之风引起西方的浓厚兴趣。17世纪，嗜茶的葡萄牙凯瑟琳公主嫁给英皇查理二世，成为英国第一位饮茶皇后。从此，饮茶风靡英国，以致波及整个欧洲，荷兰上演的戏剧《茶迷贵妇人》，写的就是当时欧洲主妇恋茶的情景。以后，美洲、大洋洲乃至西北非、中东非，也相继开始饮茶、种茶。尽管在17世纪下半世纪开始，中国茶直接输出到一些欧、美国家，但在清王朝建立后200年间（1644—1840年），采取了闭关政策，使中国的茶向世界各国的传播受到了阻碍。1840年鸦片战争以后，清政府被迫开放海禁，茶才成了西方国家对华贸易的重要对象。1886年，是中国历史上输出茶叶最多的一年，占全世界产茶国总输出量的81%。从而使中国茶叶大量进入世界市场，成为世界各国进口茶叶的最主要的供应者，销区遍及现今的欧洲、北美洲、亚洲、非洲及大洋洲。所以确切地说，世界各国的饮茶及茶的生产、贸易，除日本、朝鲜，以及中亚、西亚一带是唐代前后始从中国传入外，其余都是16世纪以后，特别是近200年来才发展起来的。它清楚地表明：古代茶事，其实主要的就是中国的茶事。而当中国的饮茶为其他国家接受，并进入他们的物质生活时，又与当地的习俗和礼仪，乃至道德和伦理等发生了不同程度的结合，从而形成了各国的饮茶艺术，令饮茶之风步入了“芳茶冠六清，溢味播九区”的奇妙境地。当今，日本的茶道、韩国的茶礼、英国的午后茶、美国的冰茶、西非的薄荷茶等，以及世界各国饮茶习俗的形成，都直接或间接地出自中国饮茶之道。

## 第三节　饮茶的方式与方法

自从茶成为饮料，进入人们的生活以来，在漫长的人类生活史上，茶扮演过许多重要的角色。所以，在各个历史时期，不但饮茶方式不一，而且方法有别，最终所起的作用也不尽相同。

### 一、泡茶与煎茶、点茶

在中国饮茶史上，曾出现过多种沏茶方法，但最有代表性，而又成为主流的是唐代流行的煎茶，宋代时尚的点茶，明代以后直至现今推行的泡茶。

#### （一）煎茶

出自何时？难以指实。北宋的苏氏兄弟说煎茶之法，始自

他们的家乡西蜀。苏轼《试院煎茶》诗中说："君不见昔时李生好客手自煎，贵从活火发新泉；又不见今时潞公煎茶学西蜀，定州花瓷琢红玉。"苏辙有歌和之曰："年来病懒百不堪，未废饮食求芳甘。煎茶旧法出西蜀，水声火候犹能谙。"不过唐代饮的是饼茶，根据唐代陆羽《茶经》记载：煎茶时，先要炙茶、碾茶、罗茶，尔后才煮茶调味。唐人曹邺《故人寄茶》诗中的"开时微月上，碾处乱泉声。"① 徐夤《尚书惠腊面茶》诗中的"金槽和碾沉香末"。李群玉的《龙山人惠石廪方及团茶》诗中的"碾成黄金粉，轻嫩如松花"等，就是写煎茶时碾茶的情景。至于如何煎茶，根据陆羽《茶经》所述，在煎煮饮茶时，先要将饼茶碾碎，就得烤茶，即用高温"持以逼火"，并经常翻动，"屡其翻正"，否则会"炎凉不均"，烤到饼茶呈"虾蟆背"状时为适度。烤好的茶要趁热包好，以免香气散失，至饼茶冷却再研成细末。煮茶需用风炉和釜作烧水器具，以木炭和硬柴作燃料，再加鲜活山水煎煮。煮茶时，当烧到水有"鱼目"气泡，"微有声"，即"一沸"时，加适量的盐调味，并除去浮在表面、状似"黑云母"的水膜，否则"饮之则其味不正"。接着，继续烧到水边缘气泡，"如涌泉连珠"，即"二沸"时，先在釜中舀出一瓢水，再用竹夹在沸水中边搅边投入碾好的茶末。如此烧到釜中的茶汤气泡如"腾波鼓浪"，即"三沸"时，加进"二沸"时舀出的那瓢水，使沸腾暂时停止，以"育其华"。这样茶汤就算煎好了。同时，主张饮茶要趁热连饮，因为，"重浊凝其下，精华浮其上"，茶一旦冷了，"则精英随气而竭，饮啜不消亦然矣"。书中还谈到，饮茶时舀出的第一碗茶汤为最好，称为"隽



① 《全唐诗》卷五百九十二，题下有一作李德裕诗。

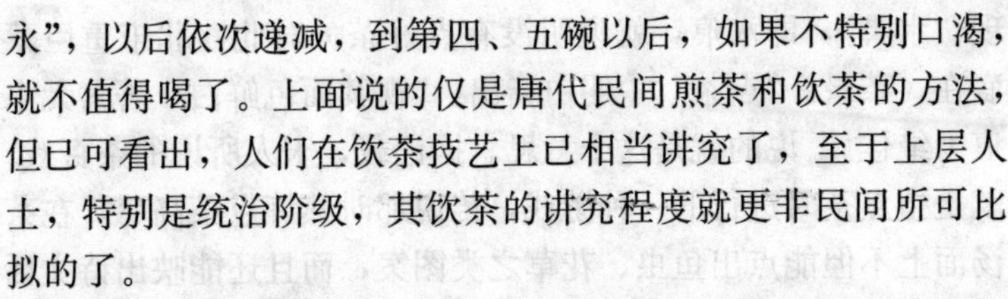


永”，以后依次递减，到第四、五碗以后，如果不特别口渴，就不值得喝了。上面说的仅是唐代民间煎茶和饮茶的方法，但已可看出，人们在饮茶技艺上已相当讲究了，至于上层人士，特别是统治阶级，其饮茶的讲究程度就更非民间所可比拟的了。

唐代的煎茶，是茶的早期品饮艺术，此法至唐代陆羽亲自总结实践，已经成熟定型了。所以，唐代赵璘的《因语录》中，说陆羽“始创煎茶法”，也就不足为奇了。

如今，煎茶法已基本不复存在，但煎茶之法人们还可以从哈萨克族调制的奶茶、蒙古族煎制的咸奶茶中，找到它的踪影。

**（二）点茶**

时尚于宋代。它与唐及唐以前盛行的煎茶相比，无论是点茶前的对茶的处理方式，煮水的要求，选用的茶器等，与煎茶有许多相似之处。但点茶程序，与煎茶相比，更加严格，更加精致，更加复杂，以最终达到点茶的最佳效果。

点茶的具体操作方法是先用茶瓶煮水，尔后将研成细末的团茶置入茶盏，用少许沸水调制成膏。接着，一手用茶瓶中的沸水向茶盏有节奏地点水，落水点要准，不能破坏茶面；另一手用茶筅打击和拂动茶盏中的茶汤，使茶汤泛起浪花，点水和击沸同时进行。宋人认为，要创造出点茶的最佳效果，一是要注意调膏，二是要有节奏地注水，三是击沸时要掌握好轻重缓急。

点茶的好坏，最终是：一要看茶面浪花的色泽和均匀程度，如果汤面色泽鲜白，有淳淳光泽的“冷粥面”，就是茶汤面要有像白米粥冷后凝结成的形状；二是要看盛茶盏内沿与汤花相接处有没有水的痕迹，如果点好的茶，汤花散退早，先出

现“水脚”，即水痕，就说明没有点好茶。对此，北宋重臣蔡襄在《茶录》“点茶”中明白指出：“视其面色鲜白，著盏无水痕为绝佳。”说的就是这个意思。据记载，宋人所说的茶百戏，就是指点茶时进行的一种游戏，传说那时熟练点茶高手，在茶汤面上不但能点出鱼虫、花草之类图案，而且还能映出诗文话句来。如今在中国，此技已经失传，只有日本的沏抹茶方法，有些像宋代点茶的味道。

**（三）泡茶**

就全国范围而言，从明代开始，我国的制茶方法，已从唐代的经蒸压而成的饼茶，宋时精雕细刻压成的团茶，改制为以炒为主的散形条茶。这样，沏茶方法也从原先的煎茶、点茶改为将散茶置入盛器，采用直接用沸水冲泡的方法。这种直接用沸水冲泡的沏茶方法，不但简便，而且保持茶的清香，还便于对茶的直接观赏，从而使饮茶方法，从过于注重形式，变为更讲究情趣。所以说，用泡茶法沏茶，是中国饮茶史上的一大创新，它一直延续至今，为当代茶人所沿用。但要泡好一杯茶，也决非易事，首先要掌握茶的特性；其次要择好水，选好器；第三要把握好茶的冲泡技能，只有这样，才能泡好一杯茶。



## 二、品茶与喝茶、吃茶

中国人饮茶，有品茶和喝茶之分。一般说来，品茶意在情趣，重在精神享受；喝茶重在解渴，是人体对物质的需要。那么，其表现形式又有何不同呢？清代曹雪芹在《红楼梦》“贾宝玉品茶栊翠庵”一节中，作了很好的回答。在这一节中，作者先写了妙玉用陈年梅花雪水泡茶待客，并按照来客的地位和身份，乃至性格爱好，选用不同的茶；进而因人、因茶不同，配置不同的茶器。如此这般，泡出来的茶自然赏心悦目，怡情可口了。为此，妙玉还借机说了一句与饮茶有关的妙语，说饮茶是："一杯为品，二杯即是解渴的蠢物，三杯便是驴饮了。"显然，古人早就认为饮茶有品茶和喝茶之分了。至于吃茶，那就更早了，就是将茶用咀嚼的方式，咽进肚里就是。

这里先说品茶。宋人品茶有"三不点"之说。"点"就是点茶。欧阳修的《尝新茶》诗中，就谈到："泉甘器洁天色好，坐中拣择客亦佳。"诗中说品茶：一是要新茶、甘泉、洁器；二是要天气好；三是要风流儒雅，情投意合的佳客。苏东坡在扬州为官时，一次在西塔寺品茶，有诗记说："禅窗丽午景，蜀井出冰雪；坐客皆可人，鼎器手自洁。"说的是品茶除了要有好的环境，好的茶器，好的井水外，还要有不俗而可人意的品茶者。

归纳起来，品茶需包括四个方面，即品饮者的心理因素，茶的本身条件，人际间的关系，以及周围自然环境。品茶与喝茶相比，两者的区别，主要表现在以下四个方面：

（1）目的不一　喝茶是为了满足人的生理需要，补充人体水分的不足，其目的是为了解渴。而品茶重在精神，把饮茶看做是一种艺术的欣赏，生活的享受。

（2）方式不一　喝茶是采用大口畅饮快咽，如在田间劳动、车间操作、剧烈运动后；品茶要在"品"字上下工夫，要细细体察，徐徐品尝。通常两三知己，围桌而坐，以休闲心态去饮茶。通过观形、察色、闻香、尝味，从中获得美感，达到精神升华。

（3）讲究不一　喝茶，需要充足的茶水，直到解渴为止。而品茶，并非为了补充生理需要，其主要目的在于意境，不在多少，随意适口为止，"解渴"在品茶中已显得无

足轻重了。

（4）环境不一　喝茶，对茶叶质量、茶具配置、茶水选择，以及周围环境并无多大要求，只要能达到饮茶卫生标准就可以了。而品茶，茶要优质，具要精致，水要美泉，周围环境最好要有诗情画意。茶好、水灵、具精和恰到好处的烹茶火候，自然造就成了一杯好茶；加之，有一个幽雅的品茶环境，在这种情况下，茶已不再是单纯的茶了，它已是综合性的生活艺术了。悦目的茶色，甘美的茶味，清新的茶香，精致的茶具，再配以如诗如画的环境，可谓是一个完整的美学境界。所以，“山堂夜坐，汲泉煮茗，至水火相战如听松涛，清芬满怀，云光艳潋，几时幽趣，故难与俗人言矣”。使品茶的鉴赏情趣，带上了几分神奇的色彩，难怪历代茶人，将茶誉为“瑞草魁”、“草中英”、“群芳最”。唐代诗人韦应物在《喜园中茶生》中，认为茶是“洁性不可污，为饮涤尘烦。此物信灵味，本自出山原”。说茶有洁性、灵性，饮之可以涤洗尘烦。宋代诗人苏东坡在《次韵曹辅寄壑源试焙新茶》中，誉茶是仙山“灵草”。元代诗人洪希文在《煎土茶歌》中写道：“临风一啜心自省，此意莫与他人传。”把领略饮茶真趣的情感表白得一清二楚。如此饮茶，正是元代虞伯生所说“同来二三子，三咽不忍嗽”了。



不过，现今不少人饮茶，往往是几口喝下或一饮而尽。这种饮茶，纯属解渴而已，并无欣赏与趣味可言。例如北方的大碗茶，南方的凉茶，它的主要目的，是为过路行人解渴消暑。还有设在车船码头、工厂车间、田间工地的茶水供应点，也纯粹为了解渴。喝这种茶，除了要求清洁卫生之外，并无多大讲究，一桶水，几个大碗，在人们口渴舌干之际，喝上一大碗，既可养神，又能止渴。因此，尽管这种饮茶方式，并无品茗雅

趣，但它与当代生活节奏比较合拍，而且对茶的冲泡和饮茶方式，也没有较高的要求，具有简便实惠的特点，所以，一直受到人民群众的欢迎。

综上所述，喝茶与品茶，不仅有“量”的差别，而且有“质”的区分，更有“情”和“境”的要求。喝茶主要是为了解渴，满足人的生理要求，强调随意。所以，饮茶时，重在数量，往往采用大口畅饮快咽的方式。品茶，重在意境，把饮茶看做是一门艺术的欣赏，精神的享受。为此，饮茶时要在“品”字上下功夫，要细细品啜，缓缓体会。通过观其形，察其色，闻其香，尝其味，使饮茶在美妙的色、香、味、形中，感情得到陶冶和升华。这里“解渴”一词已显得无关紧要了。

至于吃茶，这与江、浙、沪，以及广东一带称饮茶为吃茶不一样，它是指冲泡后的茶汤，或用茶作料后，连汤带茶，甚至和作料一起吃下去。而江、浙、沪以及广东一带，称饮茶为吃茶，其实指的就是饮茶。大概是历史的缘故，这一带百姓，历来有饮茶时，并佐以食料的习惯，故而沿用饮茶为吃茶的称呼。不过，从营养价值的发挥，还是保健功能的利用而言，只要茶未受到污染，吃茶更优于饮茶，更有益于人体的健康。

# 第二章 品茶与环境

好茶、好水、好器，以及科学的冲泡技艺，这是品茶的基本条件。但要使品茶从物质生活提升到精神享受和艺术品赏，品茶与周围环境的关系就显得相当重要了，这也是人们把品茶环境当作一门艺术，看做一门文化的道理所在。所以，选择饮茶环境，造就最佳的品茶气氛，就显得十分必要。

## 第一节 品茶环境

中国人说的品茶环境，不仅指人们品茶时所处的周围环境，如地域风情、自然景色、房屋建筑、室内的陈设等；而且还包括人际关系，品茶者的心理素质，以及与泡茶相关的几个基本条件。明代的冯可宾，他在《茶录·宜茶》中提出品茶的13个条件。分别是：一要“无事”：即超脱凡尘，悠闲自得，无心无事；二要“佳客”：人逢知己，志同道合，推心置腹；三要“幽坐”：环境幽雅，平心静气，无忧无虑；四要“吟诗”：茶可引思，品茶吟诗，以诗助兴；五要“挥翰”：茶墨结缘，挥毫泼墨，以茶助兴；六要“徜徉”：青山翠竹，小桥流水，花径信步；七要“睡起”：睡觉清醒，香茗一杯，净心润口；八要“宿醒”：酒后破醉，饭饱去腻，用茶醒神；九要

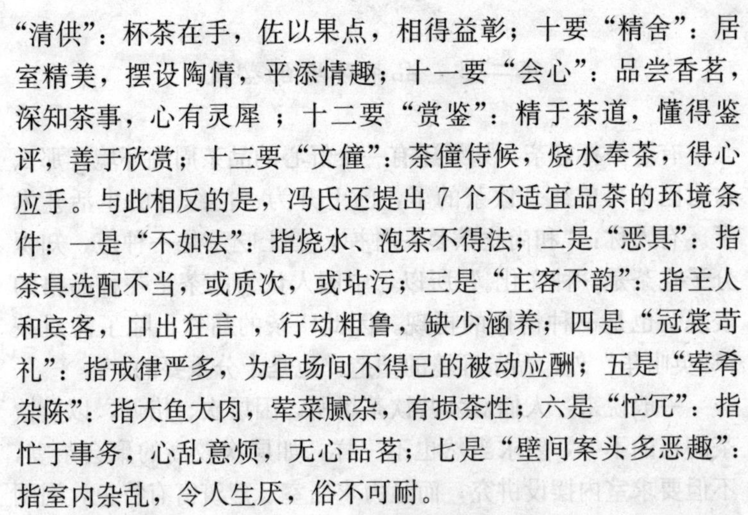

“清供”：杯茶在手，佐以果点，相得益彰；十要“精舍”：居室精美，摆设陶情，平添情趣；十一要“会心”：品尝香茗，深知茶事，心有灵犀 ；十二要“赏鉴”：精于茶道，懂得鉴评，善于欣赏；十三要“文僮”：茶僮侍候，烧水奉茶，得心应手。与此相反的是，冯氏还提出 7 个不适宜品茶的环境条件：一是“不如法”：指烧水、泡茶不得法；二是“恶具”：指茶具选配不当，或质次，或玷污；三是“主客不韵”：指主人和宾客，口出狂言 ，行动粗鲁，缺少涵养；四是“冠裳苛礼”：指戒律严多，为官场间不得已的被动应酬；五是“荤肴杂陈”：指大鱼大肉，荤菜腻杂，有损茶性；六是“忙冗”：指忙于事务，心乱意烦，无心品茗；七是“壁间案头多恶趣”：指室内杂乱，令人生厌，俗不可耐。

综上所述，归纳起来，品茗环境的构成因素，就大范围而言，应包括四个方面，即饮茶所处的周围环境、品饮者的心理素质、冲泡茶的本身条件，以及人际间的相互关系。其结果完美，必然使品茗情趣上升到一个新的境界。品茗的环境构成，因素很多，但关键是营造好一个温馨的品茗境界，特别是要选择一个和谐的自然环境。这是因为无论是东方人，或是西方人，都主张“天人合一”，认为人与自然是一个整体，把握好自然，使品茗与自然环境相契合，使心与大自然相互感应，从而使品茶达到无我、忘我的境界，这正是茶人寻就的乐土。至于人际关系，说的是人与人之间，须有一种心灵上的默契。“酒逢知己千杯少，话不投机半句多”。茶又何尝不是如此呢！还有品尝者的心理素质，是客观造就的，得由品饮者自己去改善。而冲泡茶的本身条件，可以经过努力，通过在生活中不断“练习”得到解决。因此，人们常说的品茗环境，通常指的並非是小环境，而是多指品茗场所的周围大环境。

## 第二节 品茶环境的塑造

有了一杯好茶，如果还有一个舒心的品茶周围环境，那么这时已不再单纯是饮茶的了，已上升为一门综合的生活艺术了。有人称："和尚吃茶是一种禅，道士吃茶是一种道，知识分子吃茶是一种文化。"所以，中国人认为品茶是一种品格的表现，也是一种情操的再现。因此，茶的品饮，除了需对茶"啜英咀华"外，品茶环境的塑造，也是十分重要的。

一般说来，人们对公共饮茶场所，因层次、格调，以及饮茶的目的不一，要求当然也不一样，如层次较高的聚会茶宴，不但要求室内摆设讲究，而且力求居室、建筑富有特色，周围自然景色美观；如果是举行茶话会，这是一种简朴、庄重、随和的集会形式。在茶话会上，一边品茗尝点，一边互吐衷情，在这里品茗成了人们交流的媒介。所以，它既用不上中国古代茶宴那样隆重豪华，也用不上如日本茶道那样循规蹈矩，只要有一间宽畅明亮的场所，有一种整洁大方的陈设也就可以了。但对一些高档的茶艺馆、茶室、茶楼等，要求就高了。如上海的城隍庙湖心亭茶室，建筑是上下两层，楼顶有28只角，屋脊牙檐、梁栋门窗，雕有栩栩如生的人物故事、飞禽走兽、花鸟草木。室内陈设的红木八仙桌，大理石圆台面；天花板上装有古色古香的宫灯，墙上嵌有壁灯，挂有书画；桌上放着古朴雅致的茶具，富有艺术珍玩价值。茶室四周，一泓碧水，九曲长桥，旖旎风光，尽显眼底。北京的老舍茶馆，建筑富有浓重的清代风格，室内搭有一个戏台，由名角弹唱。墙上挂有名家书画，周围缀以四时花鲜。人们可以在茶馆品饮各地香茗，南北茶点，还可观看曲艺演出。"天堂"杭州的湖畔居茶室，座楼三层，飞檐翘角，画楼精雅，三面临湖，这里占尽了“天下景”风光。在此品茶，独揽西湖秀色。湖畔居室内布置，雅致而不失朴素，墙上是表现茶事的仿古画，桌上古色古香的茶具，其中一楼、二楼，汇集了具有江南特色的各种茶宴，诸如红楼茶宴、秦淮茶宴、江南茶宴等；三楼为音乐茶吧，有茶艺演示，使人能尽情享受生活情趣。所以，凡高档专业品茗场所，对周围环境都是经过选择的，它们或占山，或傍湖，或临江，或掩没在绿树竹林之中，即便选择在闹市中心，交通要道之边，也总要营造一个幽静舒适的环境；而且建筑别致，室内装饰雅典，自然成了品茗的佳处。

而设在车船码头、大道两旁、工厂车间、田间工地的茶水供应点，诸如北方的大碗茶，南方的凉茶，饮茶在于消暑解渴。因此，除了要求供应茶点整洁卫生外，并无多大讲究。一桶茶水，几个茶碗，要不搭上个遮荫棚，内放几根条凳，在劳动歇息，或路途疲劳，口渴舌干之际，喝上几碗茶，既可止渴，又可解疲，有几分野趣。因此，尽管这种饮茶方式，缺少品茶情趣，但它与现代生活比较合拍，同样受到人民的欢迎。



家庭品茶，环境较难选择，一般说来是相对固定的。但在有限空间内，通过努力，同样可营造一个适宜的品茶环境。例如可选择在向阳靠窗的地方，配以茶几、台椅，临窗摆设一些盆花，就会增加一些品茗情趣。倘若这些条件也不具备，那么，把室内之物放得整洁有条，做到窗明几净，尽量营造一个安静、清新的环境，同样也能成为舒心悦目的品茶之处。时下，随着人们生活水平的不断提高，人们对生活的品味要求也日益提高，特别是在大中城市，一些有条件的家庭，除了生活起居外，还设有书房，有的还把书房的一半辟为茶室，形成一个书斋式的茶室。在此，以茶促思，成了文化人的一大时尚。

品茶与周围环境的关系是很密切的，但也有强调随遇而安的，如在闽南、广东潮汕地区品工夫茶就是如此。因在当地，人不分男女老幼，地不管东南西北，品工夫茶形成一种风尚，所以，品工夫茶一般依实际情况而定，或在客厅、或在田野、或在水滨、或在路旁、或在舟中……，无固定位置，也无固定格局。认为凭着茶座周围环境变化的随意性，茶人在色彩纷呈的生活面前，才能使品茶变得更有主动性，才能使品茶平添无穷乐趣。其实，品工夫茶的最大情趣，是重在冲泡程序的艺术构思，它运用概括而又形象的语言，总结出高冲低斟，刮沫淋壶，关公巡城，韩信点兵等口诀，使品饮者未曾品尝，已为之倾倒，一往情深，这样“意境美”或多或少地替代了茶人对“环境美”的需求。当然，品工夫茶的周围环境也如上所述一样，也是有适当选择的，只是在当地并没有过多的刻意强调罢了。

## 第三节　茶（艺）馆布置特色



中国现今的茶（艺）馆的布置，固然要考虑美观、舒适、大方，但更要有自己的地方文化特色，如江、浙的吴越文化，川、渝的巴蜀文化，广东的岭南文化，山东的齐鲁文化，云、贵的民族文化等，在当地都有着深厚的沉积。这些文化特色都能在当地的茶艺馆中显示出来，或者兼而有之。总之，中国茶艺馆的布置，要求做到既能展示审美情趣和艺术气氛，又能符合饮茶者的心理需求为宗旨。因此，确切地说，中国人认为，茶艺馆的布置，是茶艺馆文化品位的突出反映，也是茶艺馆文化的综合表现。从现代茶艺馆的布置来看，主要有以下几种布局，可供选择。

## 一、回归自然型

这种布置，重在渲染野趣，强调自然美。所以，品茶室的四壁和家具多采用竹、木、藤、草制品而成。房顶缀以花、草，墙上挂着蓑衣、箬帽、渔具，甚至红辣椒 、宝葫芦 、玉米棒之类，让人仿佛置身于田间旷野、渔村海边，有回归自然之感。

## 二、民族风情型

中国乃至世界，有着众多的民族，而每个民族又有着自己的民族文化和饮茶风情。如我国藏族的木楼、壁挂和酥油茶，蒙古族的帐篷、地毡和咸奶茶，傣族的竹楼、天棚和竹筒茶等；又如富有南国风光的热带林风情品茶室，具有江南乡土风情的苏杭水乡品茶室，以木制长方桌、竹制高背椅和三件套（茶碗、茶盖和茶托）为特色的四川品茶室等；再如以木板房、槽门，室内铺榻榻米，进门需脱鞋席地而坐，且简洁明快的日本和式品茶，以及类似于音乐茶座具有欧洲风情的欧式品茶室等。这些品茶室，或具有民族特色，或具有地方风光，或具有异国情调，使饮茶者身临其境，尽管还是品茶，但能产生异样的情趣，有一种新鲜的感觉。

## 三、文化艺术型

大抵说来，文化艺术型品茶室，最能受到知识型茶人所好。这是因为品茶本身是一种文化，若能使品茶室的周围环境再造就一种文化气氛，更能使饮茶文化上升到精神世界。在这种境况下品茶，理所当然地为文化人所青睐。

文化型品茶室建筑要有较高的艺术感，四壁多缀以层次较高的书画和艺术装饰物，室内摆设以艺术品为主，即使是品茶

用的桌椅、茶具之类，也要以功能和艺术两方面去加以选择。但室内的布置与陈设，需有程式和章法，切忌有艺术堆积之感，显得纷杂零乱。否则，它同样会影响品茶者情趣，反而达不到目的。

### 四、仿古追忆型

这是为了满足一部分茶人的怀古心理。中华茶文化沉淀深厚，饮茶历史悠久，每个朝代都有自己的饮茶特色。从目前我国以冲泡为主的品茶技艺来看，主要的还是从明清开始的，所以，仿古型品茶室的布置，大多是参照明、清形式。通常是品茶室的大门敞开，正中壁上悬挂与茶有关画轴，两侧为茶联。其下摆放一张长条形画桌，上置花瓶等饰物。画桌前正中，放八仙桌一张，两侧各放太师椅一把。整个结构，庄重严谨，充满大家气派。在此品茶，追古忆今，自然喜在心头。

### 五、其他类型

此外，品茶室的设计类型还有不少，诸如宫廷型、豪华型等，这与经营者的投资多少有关，不过，对一个具有较大规模并拥有较多品茶室的茶艺馆而言，品茶室的设计，应是多种类型的，这样方能满足不同层次、不同心态饮茶者的需求，使品茶者有较大的选择余地。

## 第四节　品茶内容

中国人认为，品茶无疑是一门综合艺术。在幽雅、洁朴的环境中，杯茶在手，闻香观色，察姿看形，啜其精华，此时此景，虽“口不能言”，却“快活自省”，个中滋味，无法言传，但可意会，这是品茶赋予人们的一种享受。而品茶升华，则形成为一种品茶艺术，它的内容也是很丰富的，但这里需要说明的是目前的品茶用茶，主要集中在两类：一是特种茶中的高档茶，诸如乌龙茶中的高级茶及其名丛，如铁观音、黄金桂、文山包种、冻顶乌龙及武夷名丛、凤凰单丛等；二是以绿茶中的细嫩名茶为主，以及白茶、红茶、黄茶中的部分高档名茶。这些高档名茶，或在色、或在香、或在味、或在形、或兼而有之，它们都在一个因子、两个因子或多个因子上有独特表现，为人们钟情所爱，从而成为品茶的主体。按照中国人的习惯，品茶主要内容如下：

## 一、观形

品茶用茶，由于制作方法不同，形状各不相同。加之茶树品种有别，采摘标准各异，从而使制作而成的茶叶形状显得更加丰富多彩。更由于一些细嫩名茶和艺术茶，大多采用手工制作，从而使得茶的形态，变得更加五彩缤纷，千姿百态，引人入胜。

目前，按茶的造型而言，虽然多种多样，各有特色，但主要的集中在以下几种：

（1）针形：外形圆直如针，如南京雨花茶、安化松针、君山银针、白毫银针等。

（2）扁形：外形扁平挺直，如西湖龙井、茅山青峰、安吉白片等。

（3）条索形：外形呈条状稍弯曲，如婺源茗眉、桂平西山茶、径山茶、庐山云雾等。

（4）螺形：外形卷曲似螺，如洞庭碧螺春、羊岩勾青、普陀佛茶、井冈翠绿等。

(5) 兰花形：外形似兰，如太平猴魁、兰花茶等。

(6) 片形：外形呈片状，如六安瓜片、齐山名片等。

(7) 束形：外形成束，如江山绿牡丹、婺源墨菊等。

(8) 圆珠形：外形如珠，如泉岗辉白、涌溪火青等。

此外，还有半月形、卷曲形、单芽形等等。

近年来，还出现艺术造型茶，如女儿环、绣球、海贝吐珠、锦上添花、绿牡丹、麦穗茶等，更使茶的形状多姿多彩。再加上色泽的明与暗，叶底的老与嫩，身骨的重与轻，外形的细与粗，从而构成了茶外形的一条靓丽风景线，并从中使人获得美感，引发联想，平添品茶情趣。

## 二、察色

品茶观色，至少可以从三个方面去观察欣赏：即茶色、汤色和底色。

### （一）茶色

由于茶的制作方法不同，制作而成的茶叶，其色泽也是不同的，有红与绿、青与黄、白与黑之分，即使是同一种茶叶，采用相同的制作工艺，也会因茶树品种、生态环境、采摘季节的不同，最终使茶的色泽产生一定的差异。如同样是细嫩高档绿茶，它的色泽就有嫩绿、翠绿、绿润之分；同样是细嫩的高档红茶，它的色泽又有红艳明亮、乌润显红之别。而闽北武夷岩茶的青褐油润，闽南铁观音的砂绿油润，广东凤凰水仙的黄褐油润，台湾冻顶乌龙的深绿油润，都是高级乌龙茶中有代表性的色泽，也是茶人鉴赏乌龙茶质量优劣的重要标志。

观赏茶的色泽，不但能干看，还可在冲泡后进行湿看。由于茶叶经冲泡后，随着茶中可溶于水的内含物质不断浸出，会使茶的色泽，由原来的或绿、或红、或青、或白、或黄，慢慢

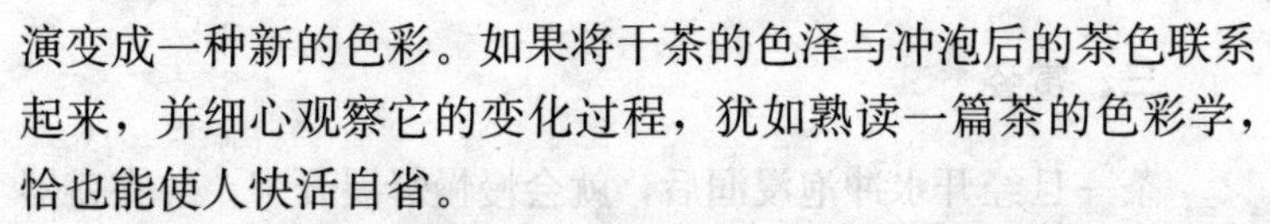


演变成一种新的色彩。如果将干茶的色泽与冲泡后的茶色联系起来，并细心观察它的变化过程，犹如熟读一篇茶的色彩学，恰也能使人快活自省。

再则，倘能在观察茶色的同时，将色泽的明与暗、艳与淡、亮与灰联系起来，茶色变得更加引人入胜，联想翩翩。

**（二）汤色**

茶的汤色主要是有茶的内含成分溶解于水所呈现的色彩。因此，不但茶类不同，茶汤色彩会有明显区别；而且同一茶类中的不同花色品种、不同级别的茶叶，也有一定差异。一般说来，凡属上乘的茶品，尽管由于茶类有别、茶叶品种不一、茶的级别各异，色泽会有所不同，但汤色明亮、有光泽却是一致的，具体说来，绿茶汤色以浅绿、黄绿为宜，并要求清而不浊，明亮澄澈；倘是红茶，汤色要求乌黑油润，若能在茶汤周边形成一圈金黄色的油环，俗称金圈，更属上品；倘是乌龙茶，则以青褐光润为好；而白茶，汤色微黄，黄中显绿，并有光亮，当为上品。

不过需要说明的是，由于茶汤中一些溶解于水的内含物质，与空气接触后会发生色变，所以，观赏茶汤需及时进行，不断观察，细看其间变化。其次，茶汤的明暗、清浊、深浅，当然也属观察之列。如此细加品赏，都能给人以一种美的享受。另外，茶汤还会受光线强弱、盛器色彩、沉淀多少等外在因素的影响，对此，品赏时需要引起注意。

**（三）底色**

就是欣赏茶叶经冲泡去汤后留下的叶底色泽。一般可按照人的视觉来进行。欣赏时，除看叶底显现的色彩外，还可观察叶底的老嫩、光糙、匀净等。有的茶人，还会用手的触觉，用手指揿揿叶的软硬、厚薄等，以便从中获得知趣。

## 三、赏姿

茶一旦经开水冲泡浸润后，就会慢慢舒展开来，并在盛器中展示出固有的姿形。这种茶影水，水映茶的情景，在茶汤色彩的感染下，变得更加动人，使人产生一种美感，给人一种愉悦。所以，赏姿是人们运用审美观品茶的一种重要内容，是高洁、清雅风尚的一种体现，是人们精神生活的一种追求。

茶在冲泡过程中，经吸水浸润而舒展，或似春笋，或为麦粒，或如雀舌，或若兰花，或像墨菊，使茶的外形变得更加美丽动人。与此同时，茶在吸水浸润过程中，还会因受重力的作用，产生一种动感。太平猴魁舒展时，犹如一只机灵小猴，在水中上下翻动；君山银针舒展时，好似翠竹争阳，上下有致，针针挺立；西湖龙井舒展时，活像春兰怒开，朵朵绽放。如此美景，映掩在杯水之中，真有"茶醉人、人醉茶"之感。

## 四、闻香

茶不但干嗅时，能闻到特有茶香，清新肺腑；而且经开水冲泡后，又会随着茶汤发出的微雾之中，或发清香、或发花香、或发果香、或发浓香，使人心旷神怡；更有甚者，将茶冲泡后，立即倾出茶汤连杯带叶送入鼻端，用深呼吸方式，去识别茶香的高低、纯浊和雅俗。这种闻香的感受，常人是很难体会得到的，只能用意会去领悟罢了。目前，闻香的方式，多采用湿闻，即将冲泡后的茶叶，按茶类不同，经1～3分钟后，将杯送入鼻端，闻茶汤面发出的茶香；若用有盖的杯泡茶，那么也可闻盖香和面香；倘有用闻香杯作过渡盛器的（如台湾人冲泡乌龙茶），那还可闻杯香和面香。另外，随着茶汤温度的变化，茶香还有热闻、温闻和冷闻之分。而同一种茶不同的闻

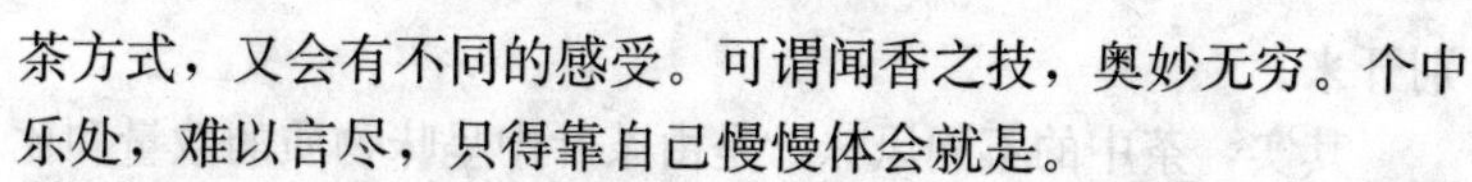


茶方式，又会有不同的感受。可谓闻香之技，奥妙无穷。个中乐处，难以言尽，只得靠自己慢慢体会就是。

一般说来，品茗用的茶都是高档茶，绿茶有清香鲜爽感，甚至有果香、花香者为佳；红茶以清香、花香为上，尤以香气浓烈，持久者为上乘；乌龙茶以具有浓郁的熟桃香者为好；而花茶则以具有清纯芬芳者为优。而在闻茶叶香气时，最好做到热闻、温闻和冷闻相结合，但侧重面有所不同：热闻的重点是香气的正常与否，香气的类型如何，以及香气高低；冷闻则可以比较正确地判断茶叶香气的持久程度；而温闻重在鉴别茶香的雅与俗，即优与次。至于倾汤闻叶底，以掌握茶叶叶底温度在50～60℃时，其准确性最好。

此外，需要特别说明的是，闻茶香时，要注意避免环境因素干扰，诸如抽烟，擦胭脂，洒香水，用香肥皂洗手，吃葱蒜，空气中夹杂异味等，都会影响闻茶香，需尽量避免。

### 五、尝味

尝味，通常是指尝茶汤的滋味，它是靠人的味觉器官来区别的。茶是一风味饮料，不同的茶类固然有不同的风味，就是同一种茶因产地、季节、品种的不同，其味也是不同的。对一些品茶功夫较深的茶人，还能品尝出同一种茶树、同一季节采摘、同一种加工方法制作的茶叶，区别出阴山（坡）茶，还是阳山茶。一般说来，阴山茶与阳山茶相比，在其他条件相对一致的情况下，鲜叶的持嫩性强，茶叶中氨基酸的含量高，茶多酚的含量较低，这样，使茶叶中茶多酚与氨基酸之比，即酚氨比较小，从而使得加工出来的茶叶，前者与后者相比，香气稍高，鲜爽度较强，再结合叶底相对较嫩，弹性较好，如此细细对比，阴山茶与阳山茶也随之区

别开来。

其实，茶中的不同风味，是由茶叶中呈味物质的数量和比例决定的，可以认为茶汤滋味，是茶叶的甜、苦、涩、酸、辣、腥、鲜等多种呈味物质综合反映的结果。如果它们的数量和比例适合，就会使茶汤变得鲜醇可口，回味无穷。不过，茶是一种嗜好品，各有所爱，但尽管如此，茶汤滋味，仍然有一个相对一致的标准。一般认为，绿茶茶汤滋味鲜醇爽口，红茶茶汤滋味浓厚、强烈、鲜爽，乌龙茶茶汤滋味酽醇回甘，就是上乘茶的重要标志。

茶汤尝味，应按茶类和茶叶老嫩不同，尝味时间也有所不同：红茶、绿茶通常在茶冲泡 3 分钟后立即进行；乌龙茶一般在茶冲泡 1 分钟之内进行；白茶、黄茶中的细嫩（芽）茶在茶冲泡 8～10 分钟后进行。茶汤尝味时，汤温一般应掌握在 50℃左右为宜。温度太高，味觉会受强烈刺激而变得麻木；温度太低，又会降低味觉的灵敏度。不过，潮、汕人啜乌龙茶有所例外，他们主张热饮，这固然与小杯啜茶有关，同时还与品乌龙茶重味求香有关。这样做的结果，不但使茶汤在口中的回味变得更有情趣，而且还增加了刺激味。

实践表明，人的味觉器官，主要是指舌，其不同部位，对滋味的感觉是不一样的。所以，尝味时，要使茶汤在舌头上循环滚动，这样才能正确而全面地分辨出不同茶的汤味来。尝味时，只要细细体味，不但可以区分出茶汤的浓淡和爽涩，而且还可鉴别出茶汤鲜滞和纯异。不过，为了正确评味，在尝味前，最好不吃具有强烈刺激味觉的食物，如葱蒜、辣椒、糖果、酒等，以保持味觉不受外界干扰，以便能真正尝到茶的真味。

## 第五节　茶的品饮技艺

品茶，它的技术性是很强的，具有品评和欣赏价值，所以，品茶也可以说是一门艺术。但茶类不同，花色不一，其品质特征是各不相同的。因此，不同的茶，品的侧重点是不一样的，由此导致品茶方法上的不同。

### 一、高级细嫩名绿茶品饮艺术

细嫩名优绿茶的品种花色很多，著名的有西湖龙井、洞庭碧螺春、庐山云雾、蒙顶甘露、南京雨花茶、信阳毛尖、婺源茗眉、休宁松萝、桂平西山茶、安化松针、峨眉峨蕊、都匀毛尖、凌云白毫、黄山毛峰、顾渚紫笋、开化龙顶、敬亭绿雪、太平猴魁、老竹大方、江山绿牡丹、南糯白毫等。这些高级细嫩名绿茶，由于色、香、味、形都别具一格，讨人喜爱。因此，品茶时，可从全方位、多角度地去进行品评与鉴赏。通常，这些细嫩名茶，一经冲泡，即可透过莹亮的茶汤，观赏茶的沉浮、舒展和姿态；还可察看茶汁的浸出、渗透和汤色的变幻。一旦品饮者端起茶杯，则应先闻其香，顿觉清香、花香扑鼻而来。然后，呷上一口，含在口中，让其慢慢在口舌间来回旋动，只觉醇甘之味徐徐袭来，顿生清新之感。如此往复品赏，不断回味追忆，自然不泛飘飘欲仙的感觉。如此一来，使饮茶者从物质享受，升华到精神的品赏，乐也当然就在其中了。品饮细嫩名绿茶，一般多为清饮，也有掺食茶点的，其目的在于平添情趣。

### 二、乌龙茶品饮艺术

乌龙茶的品饮，其在福建、广东、台湾流传得更为广泛，

至今仍保留传统的品饮方法。由于品饮乌龙茶，需要花时间，又要练就一套功夫，所以，品乌龙茶，有称其为品工夫茶；又由于品乌龙茶，需要有一套小巧精致的独特茶具，加之品茶尝味以啜为主，所以，也有人称为小壶小杯啜乌龙茶的。乌龙茶的品饮，重在闻香和尝味，不重品形。在实践过程中，又有品香更重于品味的（如台湾），或品味更重于闻香的（如东南亚一带）。大抵说来，潮、汕品饮方法是，一旦洒茶入杯，强调热品，随即采用“三龙护鼎”手法，以拇指和食指按杯沿，中指抵杯底，慢慢由远及近，使杯沿接唇，杯面迎鼻，先闻其香；尔后将茶汤含在口中回旋，徐徐品饮其味：通常三小口见杯底，再嗅留存于杯中茶香。如此反复品饮，自觉有鼻口生香，咽喉生津，两腋清风之感。台湾品饮方法，采用的是温品，更侧重于闻香，品饮时先将壶中茶汤，趁热倾入于公道杯，尔后分注于闻香杯中，再一一倾入对应的小杯内，而闻香杯内壁留存的茶香，正是人们品乌龙茶需要的精髓所在。品啜时，通常先将闻香杯置于双手手心间，使闻香杯口，对准鼻孔；再用双手慢慢来回搓动闻香杯，使杯中香气尽可能地送入鼻腔，以得到最大限度的享用。至于啜茶方式，与潮、汕地区无多大差异。

品乌龙茶，虽不乏解渴之意，但主要在于鉴赏香气和滋味，对此，清人袁枚在《随园食单》中对品乌龙茶的妙趣，作了生动的描写：“杯小如胡桃，壶小如香橼，每斟无一两，上口不忍遽咽，先嗅其香，再试其味，徐徐咀嚼而体贴之，果然清芬扑鼻，舌有余甘。一杯之后再试一二杯，令人释燥平矜，怡情悦性。”所以，品乌龙茶，若能品得芳香溢齿颊，甘泽润喉吻，神明凌霄汉，思想驰古今，境界至此，已得工夫茶三昧。从而，将品乌龙茶的特有韵味，从物质上升到精神，给人

以一种快感。

## 三、红茶品饮艺术

红茶，也有人称它为迷人之茶，这不仅由于它色泽红艳油润，滋味甘甜可口；更由于它品性温和，广交能容。因此，人们品饮红茶，除清饮外，还喜欢用它调饮，酸的如柠檬，辛的如肉桂，甜的如砂糖，润的如奶酪，它们交互相融，可谓相得益彰，这也是红茶最讨人喜爱之处。

在中国，人们品饮红茶，最多见的是清饮，本意是追求一个“真”字。在世界范围内，比较多的国家，习惯于调饮，常在红茶汤中加上砂糖、或牛奶、或柠檬、或蜂蜜、或香槟酒等，或择几种相加。但不论采用何种方法品饮红茶，多采用茶杯冲泡。更由于品饮红茶，重在领略它的香气、滋味和汤色，所以，通常多直接采用白瓷杯或玻璃杯泡茶。只有少数地方，认为“同饮一壶茶”是亲热的一种表现，故而采用壶泡后再分洒入杯品赏。但也有少数地方，如湖南，认为用壶斟茶待客人是不合礼节的，故应避免使用。品饮红茶时，通常先闻其香，再观其色，然后尝味。饮红茶须在品字上下功夫，缓缓斟饮，细细品味，在徐徐体察和观赏之中，方可获得品饮红茶的真趣。从而，使饮茶者的心情得到愉悦，精神得到升华。一般说来，大凡作为一个茶人，品茶经验愈丰富，对茶的认知愈深厚，从中获得的美感也就愈多。这就要求人们忙里偷闲，挤时间，花工夫，多实践，才会出真知，才能真正享受到品饮红茶的奇趣。

## 四、花茶品饮艺术

花茶，融茶之味、花之香于一体，堪称茶中珍品。在花茶

中，茶的滋味为茶汤的本味，花香为茶汤之精神，它将茶味与花香巧妙地加以融合，构成茶汤适口、香气芬芳的特有韵味，故而人称花茶是诗一般的茶叶。慢慢品嚼，使人回味无穷，青春常在。

品饮花茶前，首先要欣赏花茶的外观形态。进行时，取一张洁净无味的白纸，放上2～3克干花茶。特别是高级花茶的茶坯，本身就有很高的艺术欣赏价值，让饮茶者细细察看，观其形，察其色，从中可以提高对花茶的饮欲。而对花茶中蕴含的花香，人们多从三个方面加以品评：一是香气的鲜灵度，即香气的鲜灵清新程度，无陈、闷之感；二是香气的浓度，即香气要浓厚，无浅薄之感；三是香气的纯度，即香气要真纯，无杂味、怪味和浊味之感。

中国人品花茶，常用有盖的白瓷杯或盖碗冲泡，但高级细嫩花茶，也有用玻璃杯冲泡的。高级花茶一经冲泡后，可立时观赏茶在水中的飘舞、沉浮、展姿，以及茶汁的渗出和茶汤色泽的变幻。如此一来，“一杯小世界，山川花木情”，尽收眼底。这种用眼品茶的方式，人称“眼品”。而当花茶冲泡2～3分钟后，即可用鼻闻香。闻香时，可将杯子送入鼻端，如果用有盖的杯（碗）泡茶，则需揭开杯盖一侧，使花茶的芬芳随着雾气扑鼻而来，叫人精神为之一振。有兴趣者，还可凑着香气作深呼吸，以充分领略花茶的清香。这种用鼻品茶的方式，人称“鼻品”。一旦茶汤稍凉适口时，喝少许茶汤在口中停留，以口吸气、鼻呼气相结合的方法，使茶汤在舌面来回流动，使之与味蕾结合，口尝茶味和余香。这种用口品茶的方式，人称“口品”。花茶的品饮，只有通过目品、鼻品和口品，方能享受到花茶的多姿多彩和真香实味，从中领略到春天的来临。

## 五、细嫩白茶与黄茶品饮艺术

白茶属轻微发酵茶，由单个茶芽制成的称为银针，由一芽1～2叶制成的，称为白牡丹。由于制作时，通常将鲜叶经萎凋后，直接烘干而成。加之原料细嫩，所以，白茶的汤色微黄和滋味偏淡。著名的茶品有白毫银针和白牡丹等。黄茶的品质特点是黄汤黄叶，通常制作时，经杀青、闷黄、烘干而成。由于原料细嫩，通常由单个芽，或1芽1叶制作而成。加之制作时，一般不经揉捻，或经过轻微揉捻，因此，茶汁很难浸出。著名的茶品有君山银针、蒙顶黄芽、霍山黄芽等。

由于白茶和黄茶，特别是白茶中的白毫银针，黄茶中的君山银针，这些茶具有极高的欣赏价值，是以观赏为主的一种茶品。当然悠悠的清雅茶香，淡淡的澄黄茶色，微微的甘醇滋味，也是品赏的重要内容。所以在品饮前，可先观干茶外形，它似银针落盘，如松针铺地，叫人倾倒。考虑到这些茶以观赏为主，所以，盛水容器，以选用直筒无花纹的玻璃杯为宜，以利观赏。又因为茶叶细嫩为芽，所以，冲泡用水以70℃为好。这样，一则可避免将茶芽泡熟，使茶芽在杯水中上下浮动，最终个个林立，犹如春笋斗艳，一派满园春色景象。接着，就是闻香观色。这些茶通常要在冲泡后10分钟左右才开始尝味。这固然与这些茶特重观赏有关，还与这些茶原料细嫩，加工方法特殊，茶汁很难浸出有关。所以，白茶和黄茶的品饮，尤其是这些茶中的特细嫩茶，其品饮的方法带有一定的特殊性。

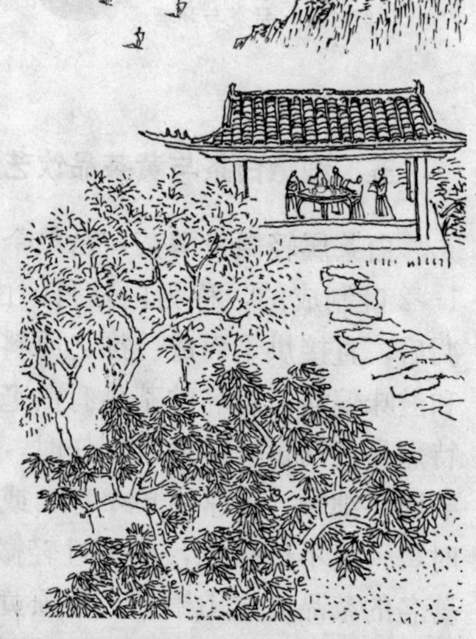

# 第三章　文人茶情

自茶进入人们日常生活以后，特别是从唐、宋开始，饮茶成了一门艺术，成为文人士大夫日常生活中的一项重要内容。与此同时，这些酷爱饮茶的文人墨客，也为饮茶技艺的提高和普及，以及改粗放饮茶为艺术品饮，做出了贡献。

## 第一节　饮茶寄情

饮茶寄情，是文人的惯用手法，“茶圣”陆羽是一个一生坎坷，但又富有传奇色彩的人物。他原本是一个被父母遗弃的幼婴，后来被智积禅师收养，在为寺中做杂役的同时，也教以识字。稍大后，仍无名无姓，只得求助于《易》卦，卦辞是：“鸿渐于陆，其羽可用为仪”，此辞正合他的出身，于是以陆为姓，以羽为名，以鸿渐为字。以后，陆羽又不堪忍耐杂役之苦，终于逃离寺院。后当过优伶，做过伶师，“作诙谐数千言”。并“独行野中，诵诗击木，徘徊不得意，或恸哭而归”。但他结交的多为名人，如李齐物、颜真卿、释皎然、李季兰、张子和等。但他逃离寺院后，并未忘记收养和抚育过他的恩师智积禅师。据唐代李肇的《国史补》载：“羽少事竟陵禅师智积。异日，在他处，闻禅师去世，哭之甚哀，乃作诗寄情。”

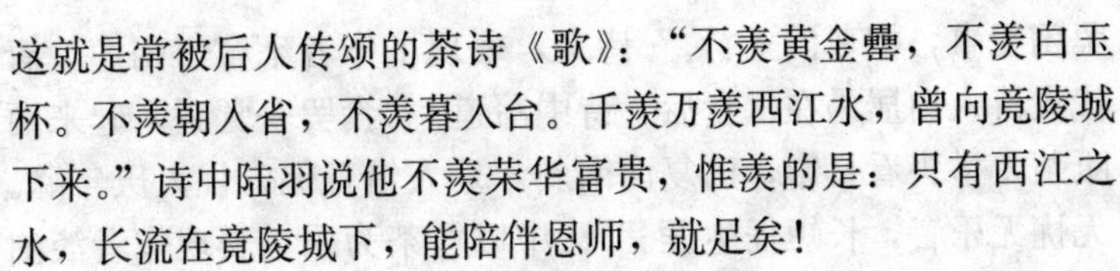



这就是常被后人传颂的茶诗《歌》：“不羡黄金罍，不羡白玉杯。不羡朝入省，不羡暮入台。千羡万羡西江水，曾向竟陵城下来。”诗中陆羽说他不羡荣华富贵，惟羡的是：只有西江之水，长流在竟陵城下，能陪伴恩师，就足矣！

陆羽一生游历天下，著《茶经》三卷。唐代皮日休在《茶中十咏序》中，说它“分其源，制其具，教其造，设其器，命其煮”。深入茶区，采茶制茶，推广茶艺。唐代皇甫冉的《送陆鸿渐栖霞寺采茶》诗中，“旧知山寺路，时宿野人家”；皇甫曾的《送陆鸿渐山人采茶回》“幽期山寺远，野饭石泉清”就是描写陆羽深山采茶的情景。由于陆羽为茶和茶文化做出的杰出贡献，后人为纪念他，奉陆羽为“茶神”。据唐代李肇在《国史补》记载：当时，江南郡有一个管物资供应的官员，很会办事。一次来了一个刺史，他请刺史视察他主管的库房物资。“刺史乃往，初见一室，署云‘酒库’，诸酝毕熟，其外画一神，刺史问：‘何也?’答曰：‘杜康’。刺史曰‘公有余也’。又一室，署云：‘茶库’，诸茗毕具，复有一神，问：‘何?’曰：‘陆鸿渐也。’刺史益善之。又一室云：‘菹库’，诸菹毕备，亦有一神，问曰：‘何?’曰：‘蔡伯喈’。刺史大笑，曰：‘不必置此！’”这位库官刺史认为，奉陆羽为茶神，以镇茶库；奉夏代的杜康为酒神，以镇酒库。但对奉东汉的文学家蔡伯喈（蔡邕）的“蔡”字与“菜”字谐音，奉他为神，认为俗不可耐，不必置此！唐代李肇的《国史补》亦有载：陆羽“有文学，多意思。”还说：当时，“巩县陶者多为瓷偶人，号陆鸿渐”。不少茶商，买陆羽“瓷偶人”，供若神明。唐代的李德裕，官居宰相，说到品茶时，津津乐道，认为品茶给他带来无限情趣。他在《忆茗芽》诗中写道：“谷中春日暖，渐忆掇茶英。欲及清明火，能销醉客酲。松花飘鼎泛，兰气入瓯轻。饮

罢闲无事，扪萝溪上行。”诗中，表现了作者雍容与闲逸。唐代大诗人白居易在《食后》诗中写道：“食罢一觉睡，起来两瓯茶。举头看日影，已复西南斜。乐人惜日促，忧人厌年赊。无忧无乐者，长短任生涯。”诗中以饮茶为乐，表现作者淡泊情趣。唐代杜牧，身居太和进士，官终中书舍人，后人称为“小杜（甫）”。在他的《题禅院》诗中写道：“觥船一棹百分空，十岁青春不负公。今日鬓丝禅榻畔，茶烟轻飏落花风。”说作者在禅院煎茶饮茶时，追述自己过去十年，纵酒吟诗，十分惬意。如今人老了，鬓丝渐稀，面对茶烟，不胜感慨。

北宋重臣蔡襄，著有《茶录》，长于当时流行的斗茶技艺，斗茶可谓是茶品饮艺术的极致。当时，斗而饮之，习以为常。蔡襄到晚年时，虽“老病而不能饮”，但还是“日烹而玩之”，认为饮茶能给他带来最大的“乐趣”！宋代大诗人苏东坡于茶中寄情，思求超脱，都可从他的许多茶诗中找到踪影。在他的《试院煎茶》诗中写道：“君不见昔时李生好客手自煎，贵从活火发新泉。又不见今时潞公煎茶学西蜀，定州花瓷琢红玉。我今贫病长苦饥，分无玉碗捧蛾眉。且学公家作茗饮，砖炉石铫行相随。不用撑肠拄腹文字五千卷，但愿一瓯常及睡足日高时。”苏辙《和子瞻煎茶》诗，也流露出了一种作者对宦游生活的厌倦，盼望回家以后，能读书吟诗，叫儿女们拾柴煎茶供他生活。所以，他在诗中结尾时，就感叹道：“铜铛得火蚯蚓叫，匙脚旋转秋萤光。何时茅檐归去炙背读文字，遣儿折取枯竹女煎汤。”羡慕有一天，能获得辞官回家，烤茶读书的生活。

明代的闻龙，在他的《茶笺》中，记述了他的好友周文甫，“自少至老，茗碗熏炉，无时暂废。”但不要“僮仆烹点”，他自烹自饮，以饮茶洁身自好。明代的孙一元在《饮龙井》诗中写道："眼底闲云乱不开，偶随麋鹿入山来。平生于物元（原）无取，消受山中水（茶）一杯。"说他平生没有他求，只要能尝到龙井山中的一杯茶，就已足矣！特别值得一提的是，明代还有不少反映劳动人民疾苦、讥讽时政的咏茶诗。如高启的《采茶词》："雷过溪山碧云暖，幽丛半吐枪旗短。银钗女儿相应歌：筐中采得谁最多？归来清香犹在手，高品先将呈太守。竹炉新焙未得尝，笼盛贩与湖南商。山家不解种禾黍，衣食年年在春雨。"诗中描写了茶农把茶叶供官享用，其余只得全部卖给商人，自己却舍不得尝新的痛苦，表现了诗人对人民生活极大的同情和关怀。又如明代正德年间居浙江按察佥事的韩邦奇，写了一首根据民谣加工润饰而成的《富阳民谣》："富阳江之鱼，富阳山之茶。鱼肥卖我子，茶香破我家。采茶妇，捕鱼夫，官府拷掠无完肤。昊天胡不仁？此地亦何辜？鱼胡不生别县？茶胡不生别都？富阳山，何日摧？富阳江，何日枯？山摧茶亦死，江枯鱼始无。山难摧，江难枯，我民不可苏。"民谣揭露了当时浙江富阳贡茶和贡鱼扰民害民的苛政，这两位同情民间疾苦的诗人，后来都因赋诗作谣而惨遭迫害，高启腰斩于市，韩邦奇罢官下狱，几乎送掉性命。但这些诗篇，却长留人民心中。清人陆次云，在品饮龙井茶后，发出感人肺腑而又细致入微之言，说龙井茶有一种"太和"之气，弥沦于齿颊之间，称其是"至味"之味。难怪当代有的诗人发出肺腑之言，要"诗人不做做茶农。"

清代还有许多文人，如郑燮、金田、陈章、曹廷栋、张日熙等的咏茶诗，亦为著名诗篇。特别值得提出的是清代爱新觉罗·弘历，即乾隆皇帝，他六下江南，曾四次为杭州西湖龙井茶作诗，其中最为后人传诵的是"观采茶作歌"诗："火前嫩，火后老，惟有骑火品最好。西湖龙井旧擅名，适来试一观其

道。村男接踵下层椒，倾筐雀舌还鹰爪。地炉文火续续添，干釜柔风旋旋炒。慢炒细焙有次第，辛苦工夫殊不少。王肃酪奴惜不知，陆羽茶经太精讨。我虽贡茗未求佳，防微犹恐开奇巧。防微犹恐开奇巧，采茶朅览民艰晓。”皇帝写茶诗寄情，这在中国茶文化史上是少见的。

如今，饮茶广行于世，茶叶已成为消费最多、流行最广、最受人民群众欢迎的一种世界性保健饮料。口干时，喝杯茶能润喉解渴；疲劳时，喝杯茶能舒筋消累；心烦时，喝杯茶能静心解烦；滞食时，喝杯茶能消食去腻……。不仅如此，细斟缓饮“啜英咀华”，还能促进人们思维。手捧一杯微雾萦绕、清香四溢的佳茗，你可以透过那清澈明亮的茶汤，看到晶莹皓洁的杯底，朵朵茶芽玉立其间，宛如春兰初绽，翠竹争阳。一旦茶汤入口，细细品味，浓郁、甘甜、鲜爽之味便应运而生；若再慢慢回味，又觉得有一种太和之气从胸中冉冉升起，使人耳目一新，遐想联翩。

君不见，中国的不少军事家，在深算熟谋战略之际，边饮茶，边对弈，看似清雅闲逸，实则运筹帷幄。陈毅同志诗曰：“志士嗟日短，愁人知夜长。我则异其趣，一闲对百忙。”中国著名诗人、文学家郭沫若在品饮名茶高桥银峰后，于1964年初夏赋七律诗一首，诗云：“芙蓉国里产新茶，九嶷香风阜万家。肯让湖州夸紫笋，愿同双井斗红纱。脑如冰雪心如火，舌不饾饤眼不花。协力免教天下醉，三闾无用独醒嗟。”

伟大的科学家爱因斯坦组织的“奥林比亚科学院”每晚例会，用边饮茶边学习议论的方式研讨学问，被人称为“茶杯精神”。法国大文豪巴尔扎克赞美茶叶“精细如拉塔基亚烟丝，色黄如威尼斯金子，未曾品饮即已幽香四溢”。英国女作家韩素音女士谈饮茶时说：“茶是独一无二的文明饮料，是礼貌和精神纯洁的化身；我还要说，如果没有杯茶在手，我就无法感受生活。人不可无食，但我尤爱饮茶。”

总之，饮茶已成了文人生活不可缺少的一部分，以茶抒情，用茶寄情；加之，饮茶又能益思，如此，更加促发文人的激情。”

## 第二节　饮茶显风光

在中国饮茶史上，茶一直被称为“洁物”，它本与闺房脂粉格格不入，但文人骚客常以风流为美，以风流为时尚，以风流为雅。所以，在历史上，常见文人雅士，写字时要有美人磨墨侍茶；赴茶宴（会）时，以能带上美人显风光，或者索性以佳茗比做美人，以显风雅。如此，称之为“俗事雅化”。唐代诗人崔珏在《美人尝茶行》中称：“云鬟枕落困春泥，玉郎为碾瑟瑟尘。闲教鹦鹉啄窗响，和娇扶起浓睡人。银瓶贮泉水一掬，松雨声来乳花熟。朱唇啜破绿云时，咽入香喉爽红玉。明眸渐开横秋水，手拨丝簧醉心起。台前却坐推金筝，不语思量梦中事。”它写的美人春睡初醒，品茗小坐的闺房情态，使茶与美人相映成趣。

唐代的张文规，任吴兴（今浙江湖州）刺史时，曾亲自为皇帝监制过湖州顾渚紫笋茶。在他的《湖州贡焙新茶》诗中写道：“凤辇寻春半醉回，仙娥进水御帘开。牡丹花笑金钿动，传奏吴兴紫笋来。”说一旦紫笋贡茶送达的消息传到，京城长安（今陕西西安），宫女们便会立即向正在寻春半醉的皇帝禀报。唐代文学家刘禹锡的《洛中送韩七中丞之吴兴口号五首》中，也写到：“溪中士女出笆篱，溪上鸳鸯避画旗。何处人间似仙境，春山携妓采茶时。”这里说的湖州顾渚山在采摘贡茶

时，太守住在茶山，随身携着歌妓，过着一派笙歌如“仙境”的生活。这种情况，在唐代文学家李郢的《自水口入茶山》诗中也有相似的描述：“蒨蒨红裙好女儿，相偎相倚看人时。”这在李郢的《茶山贡焙歌》中，描写得更为详细：“山中有酒亦有歌，乐营房中皆仙家。仙家十队酒百斛，金丝宴馔随经过。”这与刘禹锡说的有异曲同工之妙。

宋人饮茶，特别是文人饮茶，更重意境，既保留着唐人饮茶艺术；而且还时尚艺术的饮茶。北宋大诗人苏东坡在《次韵曹辅寄壑源试焙新茶》中，写到：“仙山灵草湿行云，洗遍香肌粉未匀。明月来投玉川子，清风吹破武林春。要知冰雪心肠好，不是膏油首面新。戏作小诗君一笑，从来佳茗似佳人。”在此，诗人将茶誉为“灵草”，比做“佳人”。在诗人眼里，茶即佳人，佳人似茶，以此自尝。北宋文学家黄庭坚，在《一品令》（咏茶）词中，说茶是：“恰似灯下故人，万里归来对影。口不能言，心下快活自省。”在黄庭坚的《阮郎归》（煎茶二）词中，将饮茶“思郎”连在一起，词曰：“烹茶留客驻金鞍，月斜窗外山。见郎容易别郎难，有人愁远山。归去后，忆前欢，画屏金博山。一杯春露莫留残，与郎扶玉山。”词中以茶为载体，将夫妻对饮（茶）时难舍难分的情结，写得惟妙惟肖，楚楚动人。

明代田艺蘅在《煮泉小品》中，还将茶比做“毛女”、“麻姑”之类的道冠人物，而明人许次纾在《茶疏》中，又将三巡茶比喻成女性三种年龄：“初巡为婷婷袅袅十三余，再巡为碧玉破瓜年，三巡以来绿时成阴矣。”明代万历进士钱谦益爱上了比他小 36 岁的名妓柳如是，二人每日煮茗吟诗。在钱氏的《影梅庵忆语》中，谓是一种清福，是高雅之举。明代文学家王世贞，是嘉靖进士。他在《解语花》（题美人捧茶）词中，把美人捧茶时那种“柳腰娇倚”，“鬟翠娥斜捧金瓯，暗送春意”的清丽神态，写得历历在目。如此尝茶，难怪作者有“添取樱桃味”之感了。明代文学家王世懋，是王世贞的弟弟，同为嘉靖进士，也写了一首《解语花》（题美人捧茶）词。词曰：“春光欲醉，午睡难醒，金鸭沉烟细。画屏斜倚，销魂处，漫把凤团剖试，云翻露蕊，早碾破愁肠万缕。倾玉瓯徐上闲阶，有个人如意。堪爱素鬟小髻，向璚芽相映，寒透纤指。柔莺声脆香飘动，唤却玉山扶起，银瓶小婢，偏点缀几般佳丽，恁陆生空说茶经，何似侬家味。”说的是只要有“佳丽”捧茶，茶的滋味就变得更加清新可口了。

现代文学家林语堂先生，也把饮茶品茗与美人联系起来，勾画出了品茶的万般情钟。他在《茶与交友》一文中说：“严格的说起来，茶在第二泡时为最妙。第一泡譬如一个十二三岁的幼女，第二泡为年龄恰当的十六岁女郎，而第三泡则已是少妇了。”林语堂这一妙语，与明代许次纾在《茶疏》中所说的一样：“一壶之茶，只堪再巡，初巡鲜美，再则甘醇，三巡意欲尽矣。”有异曲同工之妙。

如此，将生活中的品茗与美人联系在一起，显现出了一派红袖捧茶夜读书的绮丽情景，使生活变得更有情趣。

## 第三节 饮茶与喝酒、吟诗

饮茶与喝酒、吟诗，在人类生活史上，它们有相同之处，又有相异之点，在许多场合，还相互联结，相映成趣，从而丰富了人们的艺术生活。

首先，说说茶与酒。在日常生活中，有“茶思益，酒壮胆”之说。喝酒多了，会给人以刺激、兴奋和激动，几大碗

酒落肚，终使喝酒者吐所欲吐，怒所欲怒；遂后是猜拳行令，借酒浇愁。把酒骂座，激发起对现实以外事物的向往，这就叫“酒后吐真言”。甚至给人以幻觉，把自己带入神奇的世界之中。不过，文人饮酒的结果，文人表达出来的往往是美丽的诗句。东晋诗人陶渊明的“悠悠迷所留，酒中有深味”。唐代大诗人李白的“天子呼来不上船，自称臣是酒中仙”。北宋大诗人苏东坡的“明月几时有，把酒问青天”。所有这些美丽的诗篇，几乎把喝酒看做是进入天堂的云梯，使人有飘飘欲仙之感。但随之而来的又是“举杯浇愁，愁更愁”，“拔剑四顾心茫然”的悲怆、失落之感。最后只落得“但愿长醉不复醒”的境地，痛哭于穷途末路。所以，民间有“喝酒误事”之说。

饮茶多了，也能给人以刺激兴奋，但它与酒不同，更多是乐而不乱，嗜而敬之，一切在有条不紊地进行，使人在冷静中反思现实，在深思中产生联想，在联想中把自己带到生活的彼岸。唐代诗人卢仝，好茶与陆羽并称，别号玉川子，一生著作颇丰，但却贫困潦倒，以至“宿春连晓不成米，日高始进一碗茶”。以茶代食。他的咏茶诗篇《走笔谢孟谏议惠寄新茶》，人称《七碗茶诗》，常被人引为典故，他每饮一碗茶，都有一层细细的体会，虽一连品茶七碗，仍不乱性。有诗曰：“日高丈五睡正浓，军将打门惊周公。口云谏议送书信，白绢斜封三道印。开缄宛见谏议面，手阅月团三百片。闻道新年入山里，蛰虫惊动春风起。天子须尝阳羡茶，百草不敢先开花。仁风暗结珠琲瓃，先春抽出黄金芽。摘鲜焙芳旋封裹，至精至好且不奢。至尊之余合王公，何事便到山人家？柴门反关无俗客，纱帽笼头自煎吃。碧云引风吹不断，白花浮光疑碗面。一碗喉吻润；两碗破孤闷；三碗搜枯肠，惟有文字五千卷；四碗发轻汗，平生不平事，尽向毛孔散；五碗肌骨清；六碗通仙灵；七碗吃不得也，唯觉两腋习习清风生。蓬莱山，在何处？玉川子，乘此清风欲归去！山中群仙司下土，地位清高隔风雨。安得知百万亿苍生命，堕在颠崖受辛苦！便为谏议问苍生，到头还得苏息否？”诗中既没有喝多酒后的那种亢奋，没有“呼天嚎地”式的激愤，一切处在冷静和淡泊中，最后甚至回归现实，“安得知百万亿苍生命，堕在颠崖受辛苦”。忧及种茶人的辛苦。从上可知，茶和酒虽然都能给人以刺激，这是共同点。但刺激的结果不同，酒使人产生“狂热”，茶使人“冷静”，这是茶文化与酒文化的重要区别之一。

由于饮茶和喝酒的结果往往不一，于是提议，在生活中要“多饮茶，少喝酒”。说来奇怪，在中国人民的生活史，还曾出现过“茶酒之争”，这就是记于宋开宝三年（970）的《茶酒论》，作者以流畅的笔调，拟人的手法，流露出来的对茶、酒的褒和贬，该文读起来朗朗上口，看起来“入木三分”，颇有意趣，也能说明问题。现摘录如下：“窃见神农曾尝百草，五谷从此得分。轩辕制其衣服，流传教示后人。仓颉致其文字，孔丘阐化儒因。不可从头细说，撮其枢要之陈。暂问茶之与酒，两个谁有功勋？阿谁即合卑小，阿谁即合称尊？今日各须立理，强者先饰一门。茶乃出来言曰：‘诸人莫闹，听说砮砮，百草之首，万木之花，贵之取蕊，重之摘芽，呼之名草，号之作茶，贡五侯宅，奉帝王家，时时献人，一世荣华。自然尊贵，何用论夸！’酒乃出来：‘可笑词说。自古至今，茶贱酒贵，单醪投河，三军告醉。君王饮之，叫呼万岁；君臣饮之，赐卿无畏。和死定生，神明歆气。酒食向人，终无恶意，有酒有令，仁义礼智。自合称尊，何劳比类！’茶为酒曰：‘阿你不闻道：浮梁歙州，万国来求。蜀川流顶，其山蓦岭。舒城大

胡，买婢买奴，越郡余杭，金帛为囊。素紫天子，人间亦少。商客来求，舡冻塞绍，据此踪由，阿谁合少?’酒为茶曰：‘阿你不闻道。剂酒干和，博锦博罗。薄桃九酝，于身有润。玉酒琼浆，仙人杯觞。菊花竹叶，君王交接，山中赵母，甘甜美苦。一醉三年，流传今古。礼让乡侣，调和军府。阿你头脑，不须乾努。’茶为酒曰：‘我之名草，万木之心。或白如玉，或黄似金。明僧大德，幽隐禅林。饮之语话，能去昏沉。供养弥勒，奉献观音。千劫万劫。诸佛相钦。酒能破家散宅，广作邪淫，打却三盏已后，令人只是罪深。’酒为茶曰：‘三文一凭，何年得富？酒通贵人，公卿所慕。曾道赵主弹琴，秦王击缶，不可把茶请歌，不可为茶交舞。茶吃只是腰疼，多吃令人患肚。一日打却十杯，肠胀又同衙鼓。若也服之三年，养虾得水病报。’茶为酒曰：‘我三十成名，束带巾栉，蓦海其江，来朝今室。将到市廛，安排未毕，人来买之。钱财盈溢，言下便得富饶，不在明朝后日，阿你酒能昏乱，吃了多愁瞅唧，街中罗织平人，脊上少须十七。’酒为茶曰：‘岂不见古人才子，吟诗尽道：渴来一盏，能生养命。又道酒是消愁药，又道酒能养贤。古人糟粕，今乃流传。茶贱三分五碗，酒贱中半七分。致酒谢坐，礼让周旋。国家音乐，本为酒泉。终朝吃你茶水，敢动哕哕管弦?’茶为酒曰：‘阿你不见道：男儿十四五，莫与酒家亲。君不见生生鸟，为酒丧其身。阿你即道茶吃发病，酒吃养贤。即见道有酒黄酒病，不见道有茶风茶颠。阿阇世王为酒煞父害母，刘伶为酒一死三年。吃了张眉竖眼，怒斗宣拳。状上只言粗豪酒醉，不曾有茶醉相言，不免求首杖子，本典索钱。大枷盖项，背上抛椓。便即烧香断酒，念佛求天，终生不吃，望逸极迍邅。’两个正争人我，不知水在旁边，水谓茶酒曰：‘阿你两个，何用匆匆。阿谁许你，各拟论功？言词相毁，道西说东。人生四大：地、水、火、风。茶不得水。作何相貌；酒不得水，作何形容？米曲干吃，损人肠胃，茶片干吃，只粝破喉咙。万物须水，五谷之宗。上应乾象，下顺吉凶，江河淮济，有我即通。亦能飘荡天地，亦能涸煞鱼龙。尧时九年灾迹，只缘我在其中。感得天下钦奉，万姓依从。由自不能说圣，两个何用争功？从今以后，切须和同。酒店发富，茶坊不穷。长为兄弟，须得始终，若人读之一木，永世不害酒颠茶风。’”

不过，茶的刺激，又能解除酒的昏沉与呆滞，所以，茶和酒往往出现在同一诗人手迹，唐代大诗人白居易《萧员外寄新蜀茶》诗曰：“蜀茶寄到但惊新，渭水煎来始觉珍。满瓯似乳堪持玩，况是春深酒渴人。”宋代有许多文人，他们提倡以茶解酒渴、醒宿醒，常以汉代辞赋家司马相如与才女卓文君双双私奔，在成都邛崃卖酒，后来司马相如因饮酒过度，患消渴病，恹恹而死的典故，出现了不少要用茶去疗他酒疾的诗句。如王令的“与疗文园消渴病，还招楚客独醒魂”；惠洪的“道人要我煮温山，似识相如病里颜”，苏东坡的“列仙之儒瘠不腴，只有病渴同相如”。特别值得一提的宋代黄庭坚的《品令·咏茶》词，说：“凤舞团团饼，恨分破，教孤零，金渠体净，只轮慢碾，玉尘光莹，汤乡松风，早减二分酒病。味浓香永，醉乡路，成佳境，恰似灯下故人，万里归来对影，口不能言，心下快活自省。”在词中，黄氏首先说他自己在醉眼蒙眬之中，碾煎小龙凤团茶，虽未入口，但在煎茶声中，已减酒病。接着，作者又说烹茶饮茶的感触，犹如游子万里归来，虽相对无言，“恰如灯下故人”。南宋诗人陆游，非常喜欢喝酒，也酷爱饮茶，但在茶与酒之间，如果只能选其一的话，则陆游在诗中明确表示：“难从陆羽毁茶论，宁和陶潜止酒诗。”在他

的另一首茶诗中，还说："饭囊酒瓮纷纷是，难尝蒙山紫笋茶。"在茶和酒之间，要选择的话，陆游说，宁可要茶而不要酒。

柴米油盐酱醋茶，茶是人民生活的必需品；琴棋书画诗酒茶，茶还是文化生活的精神"食粮"。诗、酒、茶虽有区别，但又有着紧密的联系。

## 第四节　居士好饮茶

居士，乃是对信佛而不出家，且又有学问的文人的雅称。自古居士好饮茶，这是文人的使然，佛教僧侣的所为。

### 一、居士多茶人

在中国古代，有许多爱茶的文人学士，号称居士的是相当多的。如茶人中的唐代诗人白居易，自号香山居士，平生爱茶，一生共写过 50 多首茶诗，又称"别茶人"。在他的《琴茶》诗中，说弹琴需茶，吟咏需茶，生活中离不开茶。在其代表作《琵琶行》中，记录了江西景德镇北的浮梁县，唐时已是著名的茶叶集散地。他的《夜闻贾常州、崔湖州茶山境会亭欢宴》诗，是描写两郡太守欢宴贡茶——阳羡茶和紫笋茶的名篇，常为后人所传诵。欧阳修自号六一居士，毕生尚茶，最推崇洪州（今江西修水）双井茶，写有《归田录》，记有颇多茶事。又写过许多茶诗，其中以《双井茶》最令人喜爱，双井茶也因欧阳修公的推崇而蜚声京师。苏轼自号东坡居士，精于煎茶、饮茶，在岭南还种过茶，著有《漱茶说》；又写有咏茶诗词数十首。其中，尤以《次韵曹辅壑源试焙新芽》最为茶界称道，特别是"从来佳茗似佳人"一句，后人把它与东坡所作的

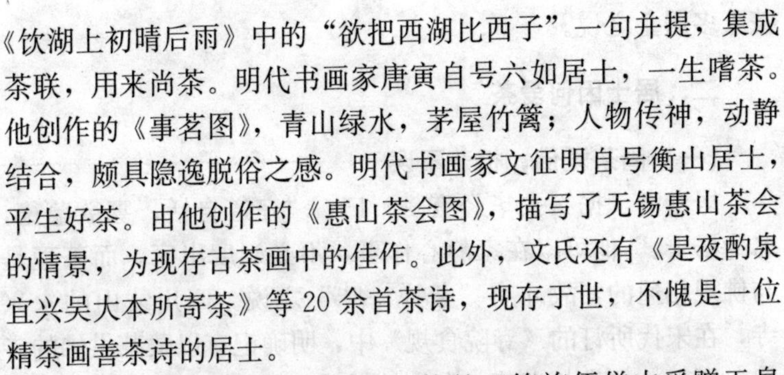

《饮湖上初晴后雨》中的“欲把西湖比西子”一句并提，集成茶联，用来尚茶。明代书画家唐寅自号六如居士，一生嗜茶。他创作的《事茗图》，青山绿水，茅屋竹篱；人物传神，动静结合，颇具隐逸脱俗之感。明代书画家文征明自号衡山居士，平生好茶。由他创作的《惠山茶会图》，描写了无锡惠山茶会的情景，为现存古茶画中的佳作。此外，文氏还有《是夜酌泉宜兴吴大本所寄茶》等20余首茶诗，现存于世，不愧是一位精茶画善茶诗的居士。

大诗人李白自号青莲居士。他的《答族侄僧中孚赠玉泉仙人掌茶》，是中国以名茶入诗的最早诗篇。南宋女诗人李清照，自号易安居士，她与丈夫、金石学家赵明诚，提倡用茶令的方式，论理对书学文，为后人传为佳话。南宋诗人范成大，自号石湖居士，也懂茶技，精茶艺。他在《夔州竹枝歌》描写繁忙的采茶景象，但却充满生活气息。在他的《田园四时杂兴》中，在描写农村风光的同时，还不忘写到去农村买茶行商。明代戏曲家屠隆，自号鸿苞居士，平生尚茶，又精茶道、茶艺。他著的《茶笺》，至今仍不乏实用价值。明代书画家丁云鹏，自号圣华居士，平生好茶。他以唐代卢仝品“七碗茶”为题材，创作的《玉川烹茶图》，成为茶文化史上的茶画名作之一。

现代，仍有一些爱茶的文人学者，钟爱居士之名。最为人称誉的就是赵朴初，他在佛学、史学、文学艺术等方面颇有建树，是一个对国家有贡献的居士。不但如此，他对茶学也深有研究。在峨眉报国寺，他题写“茶禅一味”匾额，将茶理与佛学的关系，作了高度的概括。他还引用赵州从谂禅师“吃茶去”的典故，作茶诗一首。诗曰：“七碗受至味，一壶得真趣。空持百年偈，不如吃茶去。”所以，在中国，自古以来，就有

茶人多居士之说。

## 二、居士因何爱茶

### （一）尚茶爱佛，相兼不误

居士者，据《去华经玄赞》曰："守道自恬，寡欲蕴德，名为居士。"他可以在家静心作事，不必剃度出家，而茶理是与佛规相通的，故才有"茶禅一味"之说。四川蒙山的永兴寺，在宋代所订的《寺院食规》中，明确记有以蒙茶供佛的寺规。所以，信佛与尚茶，在佛教哲理上是相通的。禅宗历来认为，平常心即是佛，挑水劈柴，穿衣吃饭，寻常起居，人来人往，皆为佛法。而茶，它"精行俭德之人"。它与一心避开现实，幽居冥想是不相通的。居士在嗜茶、尚茶的同时，可以探究佛道之妙，也可以做包括茶学在内的诸多学问。所以，在众多居士的茶学文献中，留下了茶理与佛道情结：唐代诗人白居易，一生嗜茶，与茶相伴。特别是晚年，与琴茶结缘，在饮琴茶中，享乐人生和佛教的淡泊，以保高雅的情操。北宋文学家欧阳修喜饮双井茶，说孔子听一妙曲，可以余音绕梁，三日不进肉味。而欧阳氏尝一口双井茶，可以赞赏三日。宋代诗人苏东坡赞同唐人陈藏器"茶为万病之药"的说法：说"何需魏帝一丸药，且尽卢仝七碗茶。"

### （二）茶如参禅，禅可悟性

"茶益文人思"。文人理当与茶为友。而茶还能悟性，道原的《景德传灯录》载："'问如何是和尚家风?'师曰：'饭后三碗茶!'"佛教认为饮茶不但能长生，而且饮茶能彻悟。而参禅作文都需要提高悟性、灵机或灵感，只有这样，才能登入上乘和顶峰。所以，历史上的高僧，不乏茶人，诸如唐代诗僧皎然、齐己、灵一、从谂，宋代名僧惠洪、子安等，他们都可与同时代的文人相比美，编入史册传颂至今。

至于历代爱茶居士，也不乏其人，他们的饮茶诗文，也总会常常透出一些佛气来。唐代诗人李白，既作酒仙，又是茶人。他写的《答族侄僧中孚赠玉泉仙人掌茶》诗，其实就是一首佛茶诗，间杂道家思想。李白，自号青莲居士，似乎一心向佛，可他也是位不着青衣的道士，史称他“五岁诵《六甲》，十五游神仙，成年后又常与道士为友”。北宋著名文学家欧阳修，自称六一居士，即“集古录一千卷，书一万卷，琴一张，棋一局，酒一壶，鹤一双”，并终老于山林，选择的是禅家生活方式，平生好学，一生著有许多茶诗。北宋文坛巨匠苏东坡，还常与禅宗斗机锋，《五灯会友》载有他与释了印斗机锋的一段话，曰：“印云：‘这里无端明坐处’。坡云：‘借师四大作禅床。’印云：‘老僧有一问，若答得，即与四大作禅床；若答不得，请留下玉带。’坡即解腰间玉带置案上，云：‘请师问。’印云：‘老僧四大皆空，五阴非有，端明问其坐处。’坡无语。印召侍者：‘留下玉带。’”所以，在苏东坡的众多茶诗中，总会透露出浓厚的禅宗思想，可谓宋代文人中的迷禅典范。



其实，在中国历代居士茶人中，不少是由儒入佛的茶人。特别是唐代，天宝后多寄兴于江湖僧寺，更多走的是儒、道、佛三教调和的路。他们在介入茶事的同时，也以佛修性，使茶文化注入了佛教文化的色彩。

**（三）茶禅相融，颐养天年**

唐宣宗大中年间（847—859）有东都进一僧，以饮茶长寿著称。据《南部新书》载：大中三年，东都进一僧，年一百二十岁。宣皇问服何药而致此？僧对曰：“臣少也贱，不知药。性本好茶，至处惟茶是求，或出日过百余碗，如常日亦不下四

五十碗。”因赐茶50斤，令居保寿寺。这是因为饮茶能养身修性，颐养天年之故。而居士茶人，深具平常心，又吟诗作文，神动天随，寄托情思，如此多享天年。如唐代香山居士白居易，青年时期家境贫困，接触社会生活，德宗贞元年间考上进士，后官至刑部尚书，但却具有一颗平常心。他作的诗文，提倡语言通俗，相传连老妪也能听懂。平日，喜欢琴和茶，尤喜弹奏《渌水曲》和品尝蒙顶茶，以琴茶自娱，享年75岁，在古代，已算得上是一位寿星居士茶人。南宋诗人范成大，因信佛，号石湖居士，历任处州知府、知静江府兼广南西道安抚使、四川制置使、参知政事等。平生爱茶、尚茶，写有许多茶诗。晚年退居故乡石湖，享年86。其实，品茶、吟诗、参禅，皆能怡性养神，淡泊人生，把大自然与自己融为一体，无论在心态、精力，都大有益于养身修性，延年益寿。

## 第五节　饮茶成“疯”



自古以来，多少英雄豪杰，与酒为伴；多少文人学士，与茶有缘。他们爱茶、恋茶、尚茶、颂茶，在中国的文学艺术宝库中，留下了许多以茶为题材的珍贵作品。其实文人好饮茶，这是茶的功能正好迎合了文人职业的需要。所以，文人总是钟情于茶。现代著名作家姚雪垠在《酒烟茶与文》一文中说：“我端起杯子，喝了半口，含在口中，暂不咽下，顿觉满口清香而微带苦涩，使我的口舌生津，精神一爽，……我在品味后咽下去这半口茶，放好杯子，于是新的一天的工作和生活开始了。”文人离不开茶，甚至还达到了无以复加的痴情地步。唐代贯休在《和毛学士舍人早春》诗中，说著《茶谱》的毛文锡，嗜茶成癖，成了“茶癖”。《灌园史》也有云：“卢廷璧嗜茶成癖，号茶庵。尝蓄元僧讵可庭茶具十事，具衣冠拜之。”南宋的魏了翁在《邛州先茶记》说，眉山人李君铿为临邛（今四川邛崃）茶官时，他事茶爱茶，还要每日拜谒先茶。明代文学家李贽，一生以茶为挚友。为此，他写一篇《茶夹铭》，曰：“我无老朋，朝夕惟汝。世间清苦，谁能及子。逐日子饭，不辨几钟。每夕子酌，不问几许。夙兴夜寐，我愿与子终始。子不姓汤，我不姓李，总之一味，清苦到底。”他不仅示茶为老友，“朝夕惟汝”，“与子终始”，并要“汤”、“李”一体，清苦到底，对茶迷恋到物我不分的地步。明人高濂，他酷爱饮龙井茶。在他的《四时幽赏录》中，说他每当春天采摘龙井茶时，他总要“每春当高卧山中，沉酣酌新茗一月”。竟沉酣茶乡，整月不归。明代的陆树声，称自己是茶伴、茶友，在他的《茶寮记·茶侣》中，索性称自己为“茶侣”。清代的何焯，酷爱饮茶，将自己比做唐代“茶圣”陆羽，自号“茶仙”。清代阮元，用茶来屏障尘世，保持身心健康。他在《正月二十日学每堂茶隐》一文中，写道：“又向山堂自煎茶，木棉花下见桃花。地偏心远聊为隐，海阔天空不受遮。”作者还曾绘《竹林茶隐图》一幅，图中的人物即是阮元的自白。

对唐代“茶圣”陆羽，有称他为“接舆”和“茶癫”的，说他平生嗜茶，性格狂放。清同治《访庐山志》引《六帖》称：陆羽隐浙江苕溪，“阖门著书，可独行野中，击木诵诗，徘徊不得意，辄恸哭而归，时为唐之接舆。”宋代苏东坡《次韵江晦叔兼呈器之》诗中，有“归来又见颠茶陆（羽）。”明代程用宾的《茶录》也称：“陆羽嗜茶，人称之为茶癫。”此外，还有称陆羽为“茶癖”的，如明代许次纾在《茶疏》中说他自己在“斋居无事，颇有鸿渐之癖”。许氏在自称是茶癖的同时，表示后人不忘前人之师。又有称陆羽为“茶神”的，《新唐

书·陆羽传》称："羽嗜茶，著经三篇，言之源、之法、之具尤备，天下益知饮茶矣！时鬻茶者，至陆羽形置炀突间，祀为茶神。"也有称陆羽为茶仙的，元代辛文房《唐才子传·陆羽》载："羽嗜茶，造妙理，著茶经二卷……时号茶仙。"更有甚者，还有文人自称为"茶丐"的。所以，历史上有不少文人，终生与茶相伴，至死不忘与茶为友。清人丁敬"常年爱饮黄梅雨，垂死犹思紫梗茶"。还有文人，为饮茶不惜倾家荡产。夏树芳《茶董》载：宋代"黄鲁直（即黄庭坚）以小龙团半铤题诗赠姚无咎，有云：曲几蒲团听煮汤，煎成车声绕半羊肠。鸡苏胡麻留渴羌，不应乱我官焙香。"苏轼见曰："黄九恁地怎得不穷！"对文人来说，生活中怎能离开茶，为茶而穷，穷又怎得?!

文人不仅爱茶、颂茶，还爱屋及乌，连烹茶的水，盛茶的壶也爱不释手。如被唐代刘伯刍和陆羽称为"天下第二泉"的无锡惠山泉，是文人心目中的天下美泉。为此，唐代文学家李德裕在京城长安（今西安）为宰相时，组织"水递"千里致水，运惠山泉水至京城烹茶。蔡襄与人斗茶时，选用惠山泉进行"茗战"。明代文学家李日华组织运水队，收费为好友送惠山泉水上门。明代书画家文征明相约知己十位，专程去惠山访茶品茶。



至于文人爱茶及壶的则更多。据《沙苑侯传》载，南唐李煜精通诗文、书画、乐曲，对茶艺亦精，当时有个执壶的制壶匠，仅仅因为善造茶壶被视为国之栋梁，授太子宾客，超拜侍中，又晋封为沙苑侯。在宋代，据《曲洧旧闻》记载，当时文人若无一套精美的茶具，还会被人耻笑。明代，茶具不再重金贵银，而以陶瓷为时尚。据明人冯时可《茶笺》云："茶壶以小为贵，每一客，壶一把，任其自斟自饮方为得趣。"其时，周高起的《阳羡茗壶系》亦载：当时“名手所作一壶，重不数两，价每一二十金，能使土与黄金争价。”特别是清代，许多文人在饮茶的同时，也以收藏壶为乐趣。若家藏一名壶，更是奇货可居。据《清稗类钞》记载：潮州某富翁好茶尤胜。一日，有丐至，倚门立。睨翁而言曰：“闻君家茶甚精，能见赐一杯否?”富翁哂曰：“汝乞儿，亦解此乎?”丐曰：“我早亦富人，以茶破家，今妻孥尤在，赖行乞自活。”富人因斟茶与之。丐饮尽，曰：“茶固佳矣，惜未及醇厚，盖壶太新故也。吾有一壶，昔日常用，今每出必携，虽冻馁，未尝舍。”索观之。洵精绝色，色黝然。启盖，则香气清冽。不觉爱慕，假以煎茶，味果清醇，迥异于常，因欲购之。丐曰：“吾不能全售，此壶实价三千金，今当售半与君，君与吾一千五百金，取以布置家事，即可时至君斋，与君啜茗清谈，共享此壶，如何?”富翁欣然，诺，丐取金归，自后，果日至其家，烹茶对饮，若故交焉。

由上可见，在中国饮茶史上人嗜茶，直至痴茶，历来如此，且不止口腹之欲，更是一种精神的追索，无限的渴求。



## 第六节　饮茶重情趣

文人饮茶，解渴是一个方面，但更重要的是创造一种意境，更注重于饮茶的情趣“茶圣”陆羽曾作有一首《六羡歌》，将功名富贵视为敝屣，却将一杯西江水珍若拱璧。唐代诗僧皎然诗曰：“越人遗我剡溪茗，采得金牙爨金鼎。素瓷雪色飘沫香，何似诸仙琼蕊浆。一饮涤昏寐，情思爽朗满天地，再饮清我神，忽如飞雨洒轻尘。三饮便得道，何须苦心破烦恼。”宋代诗人黄庭坚，则将品茗的乐处，写得妙不可言。他在一首

茶诗中将茶比做“故人”，万里归来与自己秉烛谈心，虽口不能言，却快活自省。他的这种比喻，实是对品茗的极好赞美。此外，在我国的饮茶史上，还有许多嗜茶文人，从不同角度，抒发了品茗的感受。

## 一、千里致水，松风自煎

自从茶进入人们的物质生活、精神享受和文化艺术领域以后，文人饮茶更加讲究起来。“采取龙井茶，还烹龙井水，一杯入口宿酲解，耳畔飒飒来松声。”有了好茶，还须好水，而且强调竹炉松声自煎茶，使煎茶更有情趣。清人梁章钜在《归田琐记》中认为茶品可以分为四等，但好的茶品，“然亦必瀹以山中之水，方能悟此消息”。也就是说，只有身入山中甘泉沏香茗，方能真正品尝“香、清、甘、活”的茶品。因此，在中国饮茶史上，许多文人墨客，常常不遗余力为赢得烹茶一泓美泉，千里致水也不在话下，并被后人传为美谈：且不说历史上有多少文人学士，登庐山品谷帘泉水，赴济南汲珍珠泉水，去镇江尝中泠泉水，……以“天下第一泉水”沏茶为快，就是被唐代刘伯刍、陆羽评为“天下第二泉”的无锡惠山泉水，也是文人不可多得的心爱之物。据唐代无名氏的《玉泉子》记载，唐武宗时，官居相位的文学家李德裕，就职于京城长安，为取得惠山泉水，专门设立从无锡到长安的送水运输机构——“水递”，为他输送惠山泉水，弄得劳民伤财，怨声载道。为此，唐代的皮日休用杨贵妃驿递荔枝的典故，用诗讽讥：“丞相常思煮茗时，郡侯催发只忧迟。吴关去国三千里，莫笑杨妃爱荔枝”。

宋时的骚人墨客，也十分推崇惠山泉水，不惜工本，将惠山水用舟车运载，送到京城开封烹用。如欧阳修花了 18 年时间，编成《集古录》千卷，写好序文后，请当时的大书法家蔡襄用毛笔书就。欧阳修看后，十分赞赏，称“字尤精劲，为世珍藏”。为酬谢蔡襄，欧阳修特选用惠山泉和龙团茶作润笔费馈赠。蔡襄接到酬礼后，十分高兴，认为是“太清而不俗”。此后，蔡襄又特地选用惠山泉水沏茗与苏轼斗茶，也正说明了惠山泉水之珍。苏轼对惠山泉水也爱之成癖，多次赶到惠山，写下了“踏遍江南南岸山，逢山未免更留连；独携天上小团月，来试人间第二泉”的脍炙人口的诗句，苏东坡离开无锡后，还在《寄无锡令焦千之求惠山泉》诗中，要焦千之寄惠山泉水给他。后来，苏东坡流放到现在的海南，当地有一间“三山庵”，庵内有一泉，苏东坡品评后，认为此泉水与无锡惠山泉水不相上下。为此，苏东坡感慨万千，说：“水行地下，出没于数千里之外，虽潭海不能绝也。”更有甚者，惠山泉水还受到宋徽宗赵佶的赞赏。在他著的《大观茶论》中，有一篇专论“择水”把惠山泉水列为首品，定为贡品，由当时的两淮两浙路发运使赵霆发月进贡 100 坛，运至汴梁城。据蔡京的《太清楼特宴记》载，政和十二年（1112）四月八日，在皇宫后苑太清楼内，宋徽宗赵佶为蔡京举行盛大宫廷宴会时，由王子赵楷陪宴劝酒，亲用惠山泉水烹新贡佳茗，再用建溪黑釉兔毫盏盛茶，招待群臣。更值得一提的是南宋高宗赵构被金人逼得走投无路，仓皇南逃时，路过无锡，还特地去品茗惠山泉。可见惠山泉水在宋皇室中的影响。

元代，翰林赵孟頫慕惠山泉之名，在品茗惠山泉时，还专为惠山泉书写了“天下第二泉”5 个大字，至今犹在。诗人高启，江苏吴江人氏，客居浙江绍兴，平生嗜茶，一次家乡好友来访，特地为他捎去惠山泉水。高启为此爱不释手，心喜之余，欣然命笔，作《友人越贶以惠泉》诗一首：“汲来晓泠和

山雨，饮处春香带间花。送行一斛还堪赠，往试云门日铸茶。”诗中，对惠山泉爱不释手。

明代，爱茶诗人李梦阳，也有与高启相似的经历，有他的《谢友送惠山泉》诗为证：“故人何方来？来自锡山谷。暑行四千里，致我泉一斛。”

清代，乾隆皇帝为取得品茗佳泉。命人精制小银斗一只，用银斗“精量各地泉水”，然后精心称重，按水的比重从轻到重，依次排出优次，得出惠山泉水虽比北京玉泉水稍重，但亦在优等之列。在南巡时，还在惠山泉品茗赋诗：“惠泉画麓东，冰洞喷乳糜。江南称第一，盛名实能副。流为方圆池，一倒石栏甃。圆甘而方劣，此理殊难究。对泉三间屋，朴断称雅构。竹炉就近烹，空诸大根囿。”这首诗刻在惠山泉前的景徽堂墙上，一直为今人所念诵。从今人看来，惠山泉是地下水的天然露头，所以，免受环境污染，水质自然清澈、晶莹；另外由于水流通过山岩，使泉水富含对人体有益的多种矿物质。用如此泉水烹佳茗，自然成为“双绝”，难怪历代茶人都如此钟情惠山泉。特别是宋代诗人王禹偁因留恋惠山的泉美、茶香、鱼乐，曾作诗一首：“甃石封苔百尺深，试茶尝味少知音。惟余半夜泉中月，留得先生一片心。”就是这“半夜泉中朋”，孕育了一名传天下的二胡名曲，这就是清光绪年间由无锡雷遵殿小道士，即瞎子炳，以惠山泉为素材创作的《二泉映月》更增添了惠山泉品茗的情趣。



饮茶择水，是文人饮茶的一大特点，与此同时，文人饮茶崇尚“野泉烟火”，松风自煎，从中领略美学情趣。唐代高僧灵一，他与无居士饮茶时，选择在白云深处的清山潭，相对而坐，在品尝饮茶之乐的同时，也不忘体验山水之乐。为此，他在《与无居士青山潭饮茶》诗中写道：“野泉烟火白云间，坐饮山茶爱此山。岩下维舟不忍去，青溪流水暮潺潺。”而唐代诗人刘言史，与好友孟郊，选择在洛北的野泉去自煎茶。在刘氏的《与孟郊洛北野泉上煎茶》诗中，为求得茶的“正味真”，他俩敲石取鲜火，撇泉避腥鳞。荧荧爨风铛，拾得坠巢薪。如此摆脱人世间的扰纷与烦恼，创造一个新的心灵世界。

苏东坡忘情于茶，当年流放海南时，贫病交加，但以煎茶自慰。他在《汲江煎茶》诗中写道：“活水还须活火烹，自临钓石取深情。大瓢贮月归春瓮，小杓分江入夜瓶。茶雨已翻煎处脚，松风忽作泻时声。枯肠未易禁三碗，坐听荒城长短更。”诗人在流放中，“汲江煎茶”，以茶为友，以茶慰藉。爱国诗人陆游，一生坎坷，忧国忧民，但他以“卧石贩松风，萧然老桑蒙”自喻，“从汲水自煎茗”中感受茶的乐处。他在《夜汲井水煮茶》诗中云：“夜起罢观书，袖手清夜水。四邻悄无语，灯火正凄冷。山童已睡熟，汲水自煎茗。锵然辘轳声，百尺鸣古井。肺腑凉清寒，毛骨亦苏省。归来月满廊，惜踏疏梅影。”诗人深夜汲井水自煎，用品茗度过他的不眠之夜。此外，在宋代的文人学士中，梅尧臣的《答建州沈屯田寄新茶》，欧阳修的《送龙井与须道人》，杨万里的《舟泊吴江》，洪希文的《煮土茶歌》，等等，都谈到汲水自煎茶的乐处。



明代文学家高濂，认为用杭州虎跑泉水自烹西湖龙井茶，不但“香清味洌”而且“凉沁诗脾”。在他的《四时幽赏录》中称：他是“每春高卧山中，沉酣香茗一月。”真是品茗到了极点。明代大画家徐渭对饮茶深有研究，写有《煎茶七类》。在他作的《某伯子惠虎丘茗谢之》诗中，他用谷雨前青箬包装的虎丘茶，用宜兴产的紫砂新罐，吹着“梅花三弄”乐曲细搅松风，酌着“玉壶冰”一般的茶水，以此孤芳自赏。而他的好友文征明，是“踏遍阳春情未已，山窗煮茗坐忘归。”直到 89

岁时，还“宾客清闲尘土远，晓窗亲沃案头茶”。一生汲水煎茶不息。

清代的郑燮，更以煎茶品茗自娱，认为“坐小阁上，烹龙凤茶，人间一大乐事”。文学家廖燕在《半幅亭试茗记》中写道：“客之来，勇于谈，谈渴则宜茗。汲新泉一瓶，箅动炉红，听松涛飕飕，不觉两腋习习风生，举瓷徐啜，味入襟解，神魄俱韵。”诗人在“汲新泉”、“听松声”、举瓷徐啜中，最终获得的是“神魄俱韵”的美学情趣。这种情况古代如此，现代亦然。如果君能抽时间闽南或潮（州）汕（头）一带，领略一下啜工夫茶的情景，那么，这种千里致水、松风自煎的趣味就会应运而生了。

## 二、茶竹为友，竹下品茗

文人以追求高洁之风、淡泊人生为乐。而竹骨格清奇，刚直不阿，清白可人，正好体现了君子之风。所以，苏东坡言：“可使食无肉，不可居无竹；无肉使人瘦，无竹令人俗。”因此，文人饮茶，总喜将自己与茶、竹结缘，饮茶共竹，与之进行心灵的交流。



### （一）竹下品茗

三国时，有“竹林七贤”，常宴请于竹林之下。其实，这种情况，在文人士子中，也比比皆是。如唐代顾况在《茶赋》中称：“杏树桃花之深洞，竹林草堂之古寺，乘槎海上来，飞锡云中至，此茶下被于幽人也。”竹林是品茗的清幽之处。宋代诗人王令，他在获得友人张和仲赠送的杭州宝云茶后，便邀请好友去竹林下煎茶同乐。为此，他还写了一首《谢张和仲惠宝云茶》诗，诗中写道：“故人有意真怜我，灵荈封题寄荜门。与疗文园消渴病，还招楚客独醒魂。烹来似带吴云脚，摘处应无谷雨痕。果肯同赏竹林下，寒泉犹有惠山存。”王氏邀友品茶，不但地点选择在竹林下，而且还将保存的惠山泉水，用来煎谷雨前的宝云茶，如此爱茶及竹，真是竹香茶亦香。宋代理学家朱熹，在他的诗中曾说过：“客来莫嫌茶当酒，山居偏与竹为邻。”将爱茶与爱竹之情，深深流露于笔端。明代诗人陆容，在《送茶诗》中，说：“江南风致说僧家，石上清香竹里茶。”把竹里煎茶说成是江南僧侣的茶风。明代文学家张岱在《斗茶檄》中，写道：“七家举事，不管柴米油盐酱醋，一日何可少此，子犹竹庶可齐名。”说茶和竹一样齐名，“一日何可少此”。清代的郑燮，在他一生的书画生涯中，有不少是颂竹品茗之作，特别是他的画题诗中，见者更多，其中有一首写道：“不风不雨正晴和，翠竹亭亭好节柯。最爱晚凉佳客至，一壶新茗泡松萝。几枝新叶萧萧竹，数笔横皴淡淡山。正好清茗连谷雨，一杯香茗坐起间。”郑氏将画竹品茗的情和趣，以及两者之间的和谐关系说得合情合理，惟妙惟肖。

**（二）竹炉煎茶**

唐代时，竹炉煎茶，已为文人采用。明代以后，用竹炉煎茶，更为文人所推崇。这是因为明代改龙凤团饼为炒青散茶，从而使瀹茶方法，由“唐煮宋点”改为直接用沸水冲泡，也使饮茶更有情趣可言。所以从明代开始，一些文人学士不但爱好竹下品茗，还崇尚竹炉煎茶。明代无锡惠山寺住持、诗僧普真，请浙江湖州竹工制作了一个竹茶炉，又请名画家王绂画图、文学家王达作文、名流题诗，装帧成《竹炉茶图卷》。图卷后来为明代文人秦夔获得，又为此作了《听松庵炉茶记》，现刻石于惠山泉旁的惠山寺内。其中写到：“炉以竹为之，崇俭素也，于山房为宜。合炉之具其数有六：为瓶之似弥明石鼎者一，为茗碗者四，为陶碗者四，皆陶器也；方而为茶格一，

截斑竹为之，乃洪武间惠山寺听松庵真公旧物。”清代的乾隆皇帝，巡幸江南时，曾亲驾惠山寺领略过“竹炉煎茶”的韵味，为此，他写了一首《汲惠泉烹竹炉歌》，其前又写了一段序文，曰：“惠山名重天下，而听松庵竹炉为明初高僧性海所制，一时名流传咏甚盛。中间失去，好事者妨为之，已而复得……辛未二月二十日，登惠山听松庵。汲惠泉，烹竹炉，因成长歌，书竹炉第三卷，援笔洒然，有风生两腋之致。”而对在惠山听松庵煎茶之事，乾隆终生难以忘怀。为此，他先后写过许多首追忆惠山竹炉煎茶的诗歌。用竹炉煎茶，因和明人题者韵即书王绂画卷中诗，上诗志铭。在《竹炉山房作》诗中说：“水裔山房特近泉，竹炉妥贴汲烹便。”在《听松庵竹炉茶作》诗中载：“松籁已欣清满耳，竹炉何碍润沾唇。”在《竹炉山房烹茶戏题》诗中云：“中泠第一无竹炉，惠山有炉泉第二。”在《竹炉山房试茶作》中曰：“近泉不用水符提，篾鼎燃松火候稽。”

古人不但崇尚用竹炉煎茶，还有推崇用竹子烹茶的，时为“扬州八怪”的清代书画家、文学家郑燮写过一副茶联，曰：“扫来竹叶烹茶叶，劈碎松根煮菜根”，就是一例。总之文人雅士崇尚观竹品茗，用茶与竹寄托情思，实是一种对德操的追求。

**（三）竹水益茶**

明代许次纾在《茶疏》称：“精茗蕴香借水而发，无水不可与论茶也。”明人张大复在《梅花茶堂笔谈》中也说：“茶性必发于水，八分之茶遇十分之水，茶亦十分矣。八分之水试十分之茶，茶只八分耳。”所以，在历史上，特别是文人骚客，有“汲水煎茶”之举。唐代诗人陆龟蒙有《谢山泉》诗云“决决春泉出洞霞，石坛封寄野人家，草堂尽日留僧坐，自向前溪摘茗芽。”陆氏识茶知水，当他的朋友用“石坛封”寄山泉水给他时，他喜出望外，感激之情溢于言表。宋代杨万里《以六一泉煮双井茶》为题，赋诗云：“细参六一泉中味，故有涪翁（即宋人黄庭坚）句子香。”美誉家乡的六一泉与黄氏家乡的双井茶齐名。苏东坡汲水十分挑剔。他常用惠山泉水煮茗。惠山东观泉内有两井，一圆（井）一方（井），因方动圆静，为此，苏氏只汲方而不汲圆。传说他爱玉女河水煎茶，但远程汲水，又怕茶童偷梁换柱，有“石头城下之伪”。为此，他嘱僧人：凡他的茶童汲水时，连水发竹符（水牌），以牌为记，表明确系所取真水。这种文人饮茶取水的方法，在宋及宋以后，还一直为文人学士所效仿。

与竹符提水相关的，甚至在饮茶史上还时兴在提水时，主张用竹桶盛水，直至在水桶里放上一个竹圈，既养水，又防水晃出盛器外。更有甚者还有用竹沥水煎茶斗茗的。苏、蔡斗茶就是一例：它说的是北宋苏舜之（苏才翁）与蔡君谟（即蔡襄）斗茶，苏氏用茶虽不及蔡氏，但水精，最终获胜的之事。

据北宋江休复《嘉祐杂志》载：“苏才翁尝与蔡君谟斗茶，蔡茶精，用惠山泉；苏茶劣，改用竹沥水，遂能取胜。”这里提及的“竹沥水”，是取自浙江天台山的泉水，要“断竹梢屈而取之”。对所取的水，“盛以银瓮”。并且不能掺人他水，若以他水杂之，则亟败。苏、蔡两人，均是北宋大名人，好品茶，又善斗茶。对古代品茶艺术的最高形式斗茶。双方孜孜以求，如痴如醉，着实下了一番功夫。

茶人大都知道，斗茶是综合技艺的体现，它与茶、火、器等紧密相关，如果客观条件相同，则决定于水的优劣。而当时，对苏、蔡二人来说，正是“茶逢对手”，不相上下，于是双方便在择水上进行较量。而结果表明，蔡君谟选的尽管是御用江苏无锡的惠山泉水；但苏才翁（名舜之）汲的是“竹沥

水”，它不但弥补了“茶劣”，而且还略胜一筹，终于取胜。它告诉我们，自从饮茶进入文人的生活艺术领域以后，对茶的色、香、味、形的体现者水来说，有着更高的要求，这是很自然的事。

## 第七节　用茶取名作号

在历史上，中国人对一个人的命名都是十分讲究的，决不随意而立。“一保之立，旬月踟蹰”指的就是这个意思。所以，从古至今，一个人的姓名、别号，乃至书斋堂屋、书集画册，无不刻意求精，决无半点马虎，他们或寓意、或托志、或祝愿，特别是名人，更是引经据典，抒发情怀，寄托相思。而在中国饮茶史上，大凡名人总是与茶结缘，他们爱茶嗜茶、崇茶尚茶，以茶洁身自好。明代孙一元有诗云：“平生于物元（原）无取，消受山中水一杯。”它表白的就是这种心态。所以，在历史上有许多名人，他们有用茶入自己的别号、书斋名，甚至文集名的。



茶入别号，始于唐代“茶神”陆羽。他毕生事茶，不仕不娶，开天辟地写了世界上第一部茶叶专著《茶经》。“自从陆羽生人间，人间相学事新茶”。始有“天下益知饮茶”之事。他晚年曾居江西上饶茶山寺，亲自开山植茶，号“茶山御史”。唐代杰出的现实主义诗人白居易，他酷爱饮茶，并且对茶、水、器的选择配置和火候定汤很有讲究，自称自己为“别茶人”。

宋代，江西提刑曾几因遭奸相秦桧排斥，隐居于当年陆羽居住的江西上饶茶山，他爱慕茶的精行俭德，也追慕陆羽的高风亮节，故而步陆羽之尘，自号“茶山居士”，并将所著文集亦定名为《茶山集》。宋代理学家朱熹，他好茶尚茶，还在福建做过茶官，提倡种茶，追求茶的质朴无华，平淡自然。在福建武夷山紫阳书院讲学时，总爱与茶人品茶论理。他在《茶坂》诗中还谈了亲自上山采茶煮饮的情景，对茶的情感溢于言表。他曾为避免“庆元学案”的迫害，在给文人的书信和题诗中，不写真名，题款“茶山”，这是朱熹为政治斗争需要所取的一个别号，以淡泊人生。

元代名士卢廷璧，嗜茶成癖，被明代小说家冯梦龙收入《古今谭概·癖嗜部》，可见他癖茶之深。他的别号“茶阉庵”。据书载，他平生嗜茶，收藏有僧人讵可庭的十件茶具，将它奉若神灵，经常穿着整齐，向它跪地作揖。

明代戏剧家汤显祖，深谙茶事，平时以茶自好，一生写过许多茶诗，他的剧作中也常常提到茶事，后来，又将他的书斋命名为“玉茗堂”，并自号为“玉茗堂主人”，将所著的文集亦题名为《玉茗堂集》。“玉茗”一词，实为茶的雅称。汤显祖以“玉茗”命名、命斋、命集，《宇内琐闻记》解释此为寓意汤显祖的高洁流芳。有鉴于此，时人称他所创的艺术流派为“玉茗堂派”，其创作的剧作《南柯记》、《邯郸记》、《紫钗记》和《牡丹亭》，后人合称其为“玉茗堂四梦”，亦是人们对汤显祖爱茶的赞颂。明代文学家王浚，毕生爱好茶，为此他将自家的屋名定名为“茗醉庐”。其祖王无功（绩），性嗜酒，号称“斗酒学士”作有《醉乡记》。明代吴宽《匏翁家藏集》卷二十一作有《题王浚之茗醉庐》曰：“昔闻尔祖王无功，曾向醉乡终日醉。醉乡茫茫不可寻，后世惟传《醉乡记》。君今复作醉乡游，醉处虽同游处异。此间亦自有无何，依旧幕天而席地。聊将七碗（指唐卢仝“七碗茶”）解宿酲，饮中别得真三昧。茅庐睡起红日高，书信先回孟谏议。陆羽卢仝接迹来，仍请（张）又新论水味。不从卫武歌抑诗，初筵客散多威仪。无功

先生安得知，醉乡从来分两歧。”王浚和王绩，虽为一门相承，但醉乡有别，一是茗醉，一是酒醉，当属两歧了。明代文学家沈贞，常是茶不离口，笔不离手，饮茶和写作是生活的两大爱好，为此他的别号为“茶老人”，他的文集亦题名为《茶山集》。明代的屠兼，性嗜茶，还精于烹茶，喜以茶会友，居处常高朋满座，四壁贮有各地香茗，经常饮茶与朋友分享快乐，为此，他索性将自家的居处定名为“茶居”。此外，明代还有与沈周同时代的书画家王涞，别名“茗醉”；文学家姚咨的室名为“茶梦庵”，别号是“茶梦主人”；文学家钱促毅的室名为“煮茗轩”。

明末清初文学家彭孙贻，工诗，嗜茶，他将自己的书斋命名为“茗斋”，传世之作有《茗斋杂记》、《茗斋诗余》等。清初常州词派创造人张惠言，是嘉庆进士，官居翰林院编修，平日与茶结缘，洁身自重，自号“茗柯”，将书斋定名《茗柯集》。自此，“茗柯”就成了这饱通经学大家张惠言的别号、书斋和文集之名。“茶癖”杜濬也是明末清初人，为明副贡生，明亡后，不愿做“两截人”出任清廷，寓居江宁（今南京）鸡鸣山，深居山乡，以茶相伴，工诗作文，自号“茶星”，还嫌不足，又号“茶村”。他喜品茶，谓茶有“四妙”：湛、幽、灵、远。自述“家中有绝粮，无绝茶”。说他与茶的关系是：“吾之于茶也，性命之交也。”平日连剩茶也不忍舍去，集于净处，用土封存，名曰：“茶丘”，并作《茶丘铭》记文。清代的沈皞日，工诗词，为“浙西六家”之一。平日用茶思益，以茶究学，遂将自己的书斋取名为“茶星阁”。清代的何焯，长于考订，家有藏书万卷。平日杯茶在手，研读学问，以茶、书相伴自荣，号称“茶仙”。清代戏曲家李渔，能为小说，尤精谱曲，又不善酒，好品茗，他曾作《不载果实茶酒说》，提出检验茗客与酒客之法：果者酒之仇，茶者酒之敌，嗜酒之人必不嗜茶与果，此定数也。凡有新客入座，平时未经共饮，不知其酒量浅深者，但以果饼及糖食验之：取到即食，食而似有踊跃之情者，此即茗客，非酒客也。取之不食，及食不数四而即有倦色者，此必巨量之客，以酒为生者也。以此法验嘉宾，百不失一。接着，李氏自言：“予系茗客而非酒人，性似猿猴，以果代食，天下皆知之矣。”李渔以“茗客”自称，反映了他对茶的钟爱之情。清代大学者俞樾，为道光进士，学问渊博，对群经、诸子、语言、训诂以及小说、笔记，皆有撰著，这样一位大学问家，也经不住茶香的诱惑，其妻姚氏也以品茗自好。为此，他将自己的住处定名为“茶香室”，将所著的文集冠以《茶香室丛钞》、《茶香室经说》。此外，还有清人靳应升，别号“茶坡樵子”，居室取名“茶坡草堂”；杨伯润，其号为“茶禅”；闻元晟的别号叫“茗崖”；张深的别号是“茶农”。这种以茶入名的作法，在清代最为时髦。更引人入胜的清代满铁保的室名，为“茶半香初之堂”，长达六字，其名意味深长。

其实，这种以茶入名之举，古人有之，今人又何尝不是如此呢？如近代文化名人周作人，自言“常到寒斋吃苦茶”。竟将他的书斋命名为“苦茶庵”，自称“苦茶庵主”，以后，又有人称其为“苦茶上人”。又如近代著名茶学家庄晚芳教授，毕生事茶，终身与茶为伴，生前签名题词，常以“中华茶人”作闲章，以“茗叟”落款。至于以“茶人”、“良茗”、“茶夫”为别称的更是常见，这充分体现了茶在人们心目中的地位，也是历代文人墨客对茶崇拜和爱茶之情的一种反映。在农村，老人常常爱称小孩为“茶茶”，就是例证。仿佛以茶入名，自有茶气长存，茶香缠身之感。

# 第四章　宗教茶风

在中国饮茶史上，人们一直把茶看做是提神醒脑，去魔祛邪，宁静清雅、淡泊人生的和平饮料；不仅如此，它还给人以一种品行道德的修炼，这与佛教的修行方式：戒、定、慧，道家提创的“天人合一”，伊斯兰教的尚茶禁酒有着很大的互通之处。因此，茶自然地受到佛禅、道家、伊斯兰的青睐，并进而成为他们的必需品，而宗教对茶的崇尚，又为茶的发展与传播起到了很大的作用。



## 第一节　佛门茶理

佛教的修行方式，重要的一条，就是僧人要不饮酒，非时食(过午不食)，戒荤吃素。简单说来，就是要坐禅修行。而坐禅讲究专注一境，静坐思维，以求解脱，并要做到：“跏趺而坐，头正背直，不动不摇，不委不倚。”为此，需要有一种既符合佛教戒规，又可消除坐禅带来的疲劳，同时，还可弥补过午不食的营养物，而茶的营养保健和药理功能，便成了僧侣的理想饮料，饮茶成为“和尚家风”，而使茶理和佛理互通相融，这就是“茶禅一味”。

## 一、茶是僧侣的养生正心之物

佛教自东汉时传入中国以来，那些山居高僧立即成为饮茶的推动者。佛教坐禅饮茶，有文字记载的确切年代，可追溯到晋代。据《晋书·艺术传》载，东晋著名僧人单道开，他在后赵都城邺城（今河北临漳）昭德寺修行，坐禅十分刻苦，不畏寒暑，经常昼夜不眠，诵经四十余万言，以“饮茶苏”解乏，防止睡眠。表明佛教徒饮茶的最初目的，就是为坐禅修行。《续名僧传》说，释法瑶是南朝僧，精通茶道，由于洁身修性，以茶养生，用膳时总要饮些茶，活到79岁时，齐武帝还传旨，让他作为长兴地方官“致礼上京”。又据《宋录》载，南朝宋时，宋孝武帝的两个儿子，经常去安徽寿县八公山东山寺拜访高僧昙济，饮了昙济亲自调制的茶，赞不绝口，誉为“甘露”。这是寺院以茶敬客的最早记载。东晋名僧怀信，用26字真言，论述了饮茶的好处：“跣定清谈，袒露谐谑，居不愁寒暑，食不择甘旨，使唤童仆，要水要茶。”从而，使寺院饮茶成为风尚。唐代封演的《封氏闻见记》写道：“（唐）开元中，泰山灵岩寺有降魔禅师，大兴禅教。学禅务于不寐，又不夕食，皆许其饮茶，人自怀挟，到处煮饮。从此转相仿效，遂成风俗。”终使僧人饮茶成风。

由于众多高僧对茶的推崇，遂使茶成了养生正心之物，众僧视茶为“神物”，把它供在寺院神桌上，使神灵也能享受到茶。据四川名山永兴寺保存的宋代《寺院食规》记载：早在宋时，永兴寺就有必须在佛前供蒙茶的做法。时至今日，在西藏许多寺院里，还经常可以看到众多佛教信徒，有向佛献茶之举。据梁萧子显《南齐书》载，佛教忠实信徒南朝齐世祖武皇帝，在他临终时立下遗诏，说在他“归天”后，灵座上“勿以牲为祭”，只须“茶饮”而已。又据宋代钱易的《南部新书》

载，唐大中三年，东都进一僧，是年120余岁，宣帝问他，“服何药而至此?”进一答：“臣少也贱，素不知药。性本好茶，至处唯茶是求。或出，亦日进百余碗。如常日，亦不下四五十碗。”宣帝闻听此言，才知长寿秘诀，“赐茶五十斤，令居保寿寺”。唐代诗僧齐己作《咏茶十二韵》，说“尝知骨自轻”。《金石萃编》中，说兴国寺一僧，病危时，“绝粒罢餐”，“唯茶”而已。据《入唐求法巡礼行记》记载，唐时，寺院中饮茶已十分普遍，仅唐文宗赐给五台山寺院的茶，每年多达1 000斤，由此可见一斑。

在唐及唐以前，佛教寺院与茶的关系，主要用来以茶养生，以茶正心；此外，还以茶供佛，以茶为祭，以茶译经。这种风习，在佛教寺院一直演绎至今，仍然随处可见。

## 二、饮茶终成“和尚家风”

由于在佛教中，认为茶是一种养身正心之物。于是，饮茶便成了“和尚家风”。据宋代普济的《五灯会元》载：“问如何是和尚家风?师曰：饭后三碗茶。”僧问谷泉禅师曰：未审客来，如何祇待?师曰：云门胡饼赵州茶。在唐代诗僧皎然诗中，亦有“三碗便得道，何须苦口破烦恼”。其实，在僧侣生活中，何止三碗茶呢?据宋代道原的《景德传灯录》载：说和尚的生活是“晨起洗手面、吃茶，吃茶了事，归下去打睡；起来又是洗手面、吃茶，吃茶了东事、西事；上堂吃饭，饭后洗手面、吃茶，吃茶了东事、西事”。总之，事事与茶相关，整天离不开茶。为此，饮茶成了寺院的制度之一。特别是宋代，在中国许多寺院中，逐渐形成了一套肃穆庄严的寺院普茶仪式，最有名的当推径山寺茶宴。

径山寺地处浙江天目山的东北高峰，始建于唐代，其地有

“三千楼阁五峰岩”之称。还有大铜钟、鼓楼、龙井泉等名胜。宋孝宗皇帝（1163—1189）曾御书额“径山兴圣万寿禅寺”。自宋至元，有“江南禅林之冠”的誉称。这里不但饮茶之风很盛，而且每年春季僧侣们在寺内举行茶宴。茶宴有一套程序：先由主持法师亲自调茶，尔后命近侍献茶给赴宴僧侣和佳宾。品茶时，要先闻香，再举碗观色，接着尝味。一旦茶过三巡，便开始评论茶品，称赞主人品行。随后的话题，当然是论佛颂经，谈事叙谊。由于佛教提倡饮茶，因而在中国许多寺院，设有茶鼓，辟有茶堂，一些大的寺院，还配有“茶头”，派有“施茶僧”，布施茶水。宋代林逋《西湖春日》载：“春烟寺院敲茶鼓，夕照楼台卓旗酒”，说的就是这个意思。时至今日，在寺院重大佛事活动时，仍有施茶之举。对此，元德辉根据唐、宋诸家所订清规，依托唐代名僧百丈寺主持怀海（720—814）之名而修订的《百丈清规》，不但将寺院的栽茶、制茶纳入农禅内容，而且将僧侣饮茶定为寺院茶礼。在《百丈清规》寺院茶礼中曰：“佛降诞，先期堂司率众财送库司，营供养。请制疏佥轫疏，至日库司严设花亭。中置佛降生像，于香汤盒内，安二小杓佛前，数陈供养毕，住持上堂祝香云……次趺坐云：‘四月八日恭遇本师释迦如来大和尚降诞令辰，率众比丘，严备香花灯烛茶果珍羞，可伸供养。’……领众同到殿上，向佛排立定，住持上香三拜……下亲点茶，又三拜收坐具。”按《百丈清规》记载，不但佛降诞日要有奉茶仪之举，而且在圣节、佛成道日、涅槃日、达摩忌日、比丘示寂日等，也都有规定的茶仪。又在《百丈清规·法器章》规定，寺院设立茶鼓，既是僧侣饮茶的需要，又是佛教生活中的一大风情。文曰：“茶鼓，凡主持上堂，小参，普说，入室，并击之，上堂时二通……茶鼓长击一通。”其表达的就是寺院设鼓的情

由。

佛教寺院的重要茶事活动，通常都在茶寮进行。茶寮，据明人许次纾《茶疏》载："小斋之外，别置茶寮"，"寮前置一几，以顿茶注茶盂，为临时供具。"茶寮一般设一两个茶头，也称施茶僧。在进行茶事活动时，诸如进行茶汤会时，先要出示点茶牌，"右某今晨斋退就云堂点一钟，特为后堂首座大众师，仍请诸如事同垂光降。"每日进行茶汤会时，还有一定规矩和程序："每日粥罢，令茶头行者门外候从至，鸣板三下。大众百寮，寮长分手。寮主、副寮对面左右位。副寮出，烧香归位。茶头喝云，大众和南遇旦望点汤。"如此，《百丈清规》几乎成了天下寺院的律规。特别是在洪武十五年（1382），明太祖朱元璋命"诸山僧人不入清规者，以法绳之"。结果，饮茶不仅是僧人习俗，而且使饮茶之礼纳入了僧人法规之律，使佛门茶俗又以法律的形式加以固定下来。

因此，中国历史上，有许多名僧，也就成了煮茶品茗的高手。唐释皎然能诗文，善烹茶，一生写有许多饮茶诗文，为后人传颂。五代十国时，吴僧文了，因善于烹茶，被后人称之为"汤神"，并授予"华定水上人大师"称号。宋代杭州净慈寺的南屏禅师，深通茶事，烹茶达到"得之于心，应之于手，非可以言传学到者"的程度，被后人称之为"烹茶三昧手"。即使是被人誉为"茶圣"的陆羽，虽非僧人，却幼小生活于寺院，陆羽3岁时，为竟陵（今湖北天门）龙盖寺智积禅师收养。智公嗜茶，从此陆羽练就了一身烹茶技艺。以后，他遍游名山古刹，结识了许多烹茶高僧，又深入茶区，掌握了茶的采制和饮茶技术。但整个生活，一生行踪，却也与寺院生活相关。所以，饮茶与僧侣生活息息相关，成了和尚生活的重要组成部

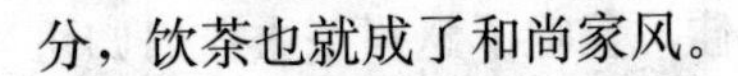



分，饮茶也就成了和尚家风。

## 三、佛教茶理与惟茶是求

由于僧侣修炼的需要，在饮茶成为“和尚家风”之后，僧侣们也把茶与佛教清规、饮茶论经、佛教哲学、人生观念融为一体，从而产生了“茶禅一味”的佛教茶理。但这不是说禅就是茶，茶就是禅，它指的是禅与茶在精神上的互通。所以，佛教认为茶有“三德”：一是提神，坐禅时可以通夜不眠。一是在满腹打坐时，可以邦助消化；空腹打坐时，可以提供营养。一是茶是“不发”之物，能使人清心，不淫欲。日僧惠明上人认为茶有“十德”：诸天加护，父母孝养，恶魔降伏，睡眠自除，五脏调和，无病无灾，朋友和合，正心修身，烦恼消除，临终不乱。特别是禅林法语“吃茶去”，不但悟出了佛教的观念，而且还暗藏着佛教的禅机。它说的是唐代赵州古佛从谂禅师，常住观音寺。他认为饮茶能大彻大悟，所以，嗜茶成癖，每说话前总要说一声“吃茶去”。《广群芳谱·茶谱》引《指月录》载：“有僧到赵州，从谂禅师问：‘新近曾到此间么？’曰：‘曾到。’师曰：‘吃茶去。’又问僧，僧曰：‘不曾到。’师曰：‘吃茶去。’后院主问曰：‘为什么曾到也云吃茶去，不曾到也云吃茶去？’师召院主，主应喏。师曰：‘吃茶去。’”这是因为茶性平和，饮茶可以清心，也可以静心，僧人认为饮茶可以悟茶理而至悟佛理，从而，始终保持一颗平常心。

又据《五灯会元》载：“师自颂曰：生缘有语人皆识，水母何曾离得虾。但见日头东畔下，谁能更吃赵州茶。”可见，自从谂禅师创立禅林法语“吃茶去”之后，又使“赵州茶”成为禅门的一个文化典故，一直为后人沿用。杭州九溪有座半路

凉亭，在亭联上书有："小住为佳，且吃了赵州茶去；曰归可缓，试闲吟陌上花来!"说的也是这个意思。1989 年，中国佛教协会会长赵朴初为"茶与中国文化展示周"的题诗中，其中也引用了"吃茶去"典故，诗曰："七碗受至味，一壶得真趣。空持百年偈，不如吃茶去。"著名书法家启功先生也作诗曰："古今形殊义不差，古称荼苦近称茶。赵州法语吃茶去，三字千金百世夸。"

其实，人们只知道"吃茶去"为禅宗机锋，禅林法语，可不知"未吃茶"也是禅的机锋。据《五灯会元》载："金轮可观禅师，问：'从上宗乘如何为人?'师曰：'我今日未吃茶'。""吃茶去"和"未吃茶"同为禅林法语，创导的是同一种"悟"，即吃茶能悟性，悟得更空，从而超脱物我。

从上可见，所谓"茶禅一味"，它指的是茶道精神与禅学的互通。所以"茶道"一词，首先是禅僧提出来的。这样，便把饮茶从技艺升华到精神的高度。在佛教四大名山之一的峨眉山报国寺，在佛殿的匾额上，就书有"茶禅一味"四个大字，熠熠发光，它将饮茶与禅宗的关系凝聚到一个点，使茶与佛的关系上升到最高境界。



## 第二节　道教饮茶之道

在道教形成之前，在宇宙中，中国人已幻化成有一个神鬼世界。而道教一般认为它形成于东汉顺帝（126—144）年间，可它继承了前代的神仙思想和妖魔鬼怪之说，道教的宗教信仰流传，至少已有 2 000 多年历史了。道教称茶为"灵芝"仙草，意为神仙发现、神仙食用之物。表明在道教未正式形成之前，茶就与神仙结缘；道教形成后，茶更成了结交神鬼，养生

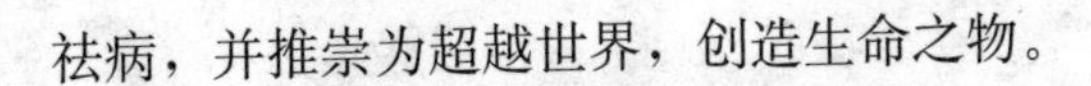


祛病，并推崇为超越世界，创造生命之物。

## 一、茶是沟通神鬼之物

在中国历史上，提及道教，往往会与神仙思想相连。俗语说，佛教求来生，道教保今世，要的是长生不老寿绵绵，过的是神仙般的生活。所以，热衷于虚幻的造神运动，认为天外仙境有“三清”（玉清、上清、太清），其地住满了神仙。而要求仙、成仙，茶是“天梯”，因此，茶便成了沟通人神、人鬼之物。如居住在巴蜀地带的兄弟民族土家族，居住在云南南部的许多少数民族，如德昂族、纳西族等，他们崇拜茶，以茶为图腾。再如德昂族不但认茶为始祖，还认为茶孕育了人，生育了日月星辰，所以不论迁到何地，先要在房子四周种上茶树，以便能饮到始祖赐给的茶。此外，居住在云南南部的拉祜族视茶为神灵，认为茶树就是祖先，是神魂。崩龙族还有一首祖先遗留下来的民谣，叫做《始祖的传说——达古达楞格莱标》，其内唱道：“茶是茶树的生命，茶是万物的始祖。天上的日月星辰，都是茶的精灵化身。“而这些民族居住地，是茶的原产地，也是茶文化的发祥地。他们从古到今，认茶为祖，还以茶祭祖，“有祭必有茶，无茶不祭祖”的做法。如此一来，在道教眼里，终使茶带上仙气、神气和鬼气。这里不妨举几例颇有神灵之气的记载，说的是茶与鬼神的事；同时，也反映了茶与道教思想的关系。

一是东晋干宝撰的《搜神记》，写的是茶与神鬼的事，说：“夏侯恺因疾死，宗人字苟奴，察见鬼神，见恺来收马，并病其妻。著平上帻，单衣人，坐生时西壁大床，就人觅茶饮。”它说的是夏侯恺死后变成鬼神时，还回家向家人要茶

喝。

一是东晋陶潜著的《续搜神记》，说的是今湖北武昌山的茶事，虽不是尘世凡间的俗人，但也同样爱饮茶。

一是南朝·宋·刘敬叔著的《异苑》，写的是发生在剡县（今浙江嵊州）茶与鬼神的不解之缘。

可见，无论是仙人，还是鬼神，都离不开茶，这样使道教尚茶、崇茶，当在情理之中。唐代释皎然诗曰："丹丘羽人轻玉食，采茶饮之生羽翼。名藏仙府世莫知，骨化云宫人不识。"在此，丹丘者仙人也，羽人者士也。清人郑清之诗云："一杯春露暂留客，两腋清风几欲仙。"说明茶与神仙是联在一起的。为此，历来道教视茶为仙饮。《禅玄显教篇》载："道人居庐山天池寺，不食者九年矣。畜一墨羽鹤，尝采山中新茗，令鹤衔松枝烹之遇道流，辄相与饮几碗。"《图经》云："黄山旧名黟山，东峰下有朱砂汤泉可点茗，春色微红，此则自然之丹液也。"从上可见，茶既为仙饮，理所当然，茶也说成了仙（丹）液，其最终结果，使道教不仅把茶作为崇拜物，而且还把茶纳入到神仙世界的范围之内，以致长生不老。



## 二、茶是道家的长生不老物

饮茶，有利于人体健康。这已为数千年来的生活实践和近代科学研究所证明。其实，茶的最早发现和利用，就是作为一味良药而闻世的。所以，饮茶有利于祛病养生。而道教，以生为乐，追求的是长生不老。道教创始人张陵著有《老子想尔注》，说："生，道之别也。"只要善于修道养生，就能让人长生不老，所以，道教特别注重祛病养生之道。三国吴时，高道葛玄，他是炼丹家葛洪的从祖父，世称"太极葛仙翁"，于光

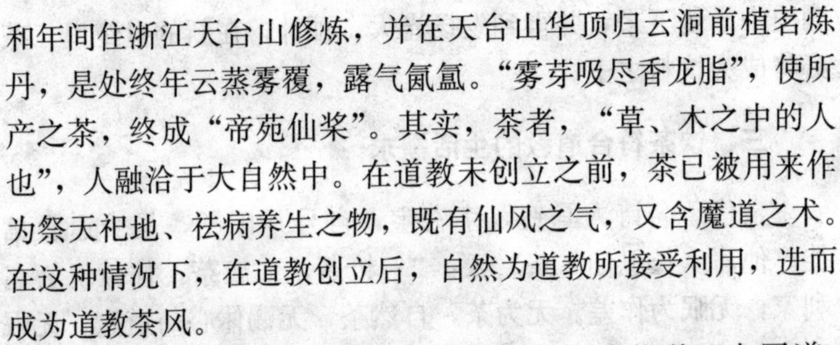

和年间住浙江天台山修炼，并在天台山华顶归云洞前植茗炼丹，是处终年云蒸雾覆，露气氤氲。“雾芽吸尽香龙脂”，使所产之茶，终成“帝苑仙桨”。其实，茶者，“草、木之中的人也”，人融洽于大自然中。在道教未创立之前，茶已被用来作为祭天祀地、祛病养生之物，既有仙风之气，又含魔道之术。在这种情况下，在道教创立后，自然为道教所接受利用，进而成为道教茶风。

五代毛文锡提出，服茶可成仙。他在《茶谱》中写道：“蜀之雅州有蒙山，山有五顶，顶有茶园，其中顶曰上清峰。”说其地之茶，“若获一两，以本处水煎服，即能祛宿疾；二两，当眼前无疾；三两，固以换骨；四两，即为地仙矣。”服茶可以成为“地仙”，就是地上活着的仙人。深受道教养生之术影响的明代养生学家高濂，自认为对源于道教的养生之术颇有研究，称：“数十年慕道精力，考有成据，或得经验，或传老道。”所以，高氏在他的《遵生八笺》中写道：“饮食，活人之本，是以一身之中，阴阳运用，五行相生，莫不由于饮食。故饮食进则谷气充，谷气充则血气盛，血气盛则筋强。”还说：“由饮食以资气，生气以益精，生精以养气，气足以生神，神足以全身，相须以为用者也。”在饮食中，高濂又将茶列为祛病养生的最重要饮品之一，进而又写道：“人饮真茶，能止渴消食，除痰少睡，利水道，明目益思，除烦去腻。人固不可一日无茶，然或有忌而不饮。”

总之，饮茶在中国已承传了数千年之久，历经时间和空间的考验，却长盛不衰，其中一个很重要的原因，在于茶对人体的生理和药理功能使然。茶的天然、营养和对人体的保健养生功能，使茶在众多的饮食之中，立于不败之地。而道教养生祛病理论，又为茶的千古不衰起了推动作用。从而使茶在人类文

明史中承传下来，并得到发扬光大。预计，在新的世纪里，茶必将成为饮料之王。

## 三、饮茶符合道教的生活需求

金代著名诗人马钰，字玄宝，自号丹阳子，是个道教信徒。他写《长思仙·茶》云："一枪茶，二旗茶，休献机心名利家，无眠为作差。无为茶，自然茶，无赐休心与道家，无眠功和加。"马氏主张的是以茶淡泊人生无为，自然不存"机心"，"坐忘"、"休心"。这正符合道教的思想。于是，马氏将茶称之为"无为茶"、"自然茶"。山东的崂山，人称"仙山"。历代高道，都先后在此修过道。所以，山上道观林立，上清宫、下清宫、太平宫等，至今犹存。而九曲连环，构成了清幽深邃的九水风光，其地到处瀑布长鸣，山泉潺潺。崂山处处，汲汲皆可饮，有"仙水"、"仙饮"之称。当地道人用仙水冲泡而成的仙茶，更有治病和延年益寿的功能。清代小说家蒲松龄以茶待客，听取和搜集《聊斋志异》素材，其中小说写到的《香玉》、《崂山道士》两则故事，就是专写崂山饮茶风情的。浙江天台县的赤城山，因山上赤石屏列如城，望之如霞，故称"赤城栖霞"，是"天台八景"之一。山有石洞十二，散布岩间崖下，最著名的有紫云洞和玉琼洞，是道教的十二洞天，其地，在唐以前，就是道家种茶饮茶的养生"休心"之地。

茶者，乃自然之物也。山者，白云深处，最适"自隐"、"坐忘"。在如此境地，用如此饮品，"无人无我"，遁入山林做起道士来，这正是一个道人所追求的。唐代的顾况，至德进士，官至著作郎，后隐居茅山，自号华阳山人。他在《过山农家》诗中写道："板桥人渡泉声，茅檐日午鸡鸣。莫嗔焙茶烟暗，却喜晒谷天晴”。诗中，主人公写的是焙茶之举，反映的却是恬淡清静的农家茶事，这正是道人所追求的生活情景。唐代的张志和，字子同，十六岁明经，肃宗时待诏翰林。后隐居于湖州西塞山，自号烟波钓徒，由于他孤芳自赏，不随俗流。所以，长期徜徉于青山绿水之间，过着恬淡清贫、虚空隐逸的道士生活。张志和是一位道家，却又是一位茶人，生活中的最大乐事，便是饮茶。《合璧事类》载：“唐肃宗赐张志和奴婢各一人，志和配为夫妇，号渔童、樵青。渔童捧钓收纶，芦中鼓枻；樵青苏兰新桂，竹里煎茶。”正因为张氏是烟波钓徒，所以，将配为夫妇中的一个，用来作“渔童”，“捧钓收纶”。但张志和又是一位道家茶人，所以，他又将配为夫妇中的另一个作为“樵青”，用来“竹里煎茶”。在此，活脱活现地勾画出了张志和的一派“道士风光”。

唐代的李季兰，又名李冶，是唐代著名的女道士和女诗人，也和“茶圣”陆羽友善。她也写了一首《湖上卧病喜陆鸿渐至》诗，诗曰：“昔去繁霜月，今来苦雾时。相逢仍卧病，欲语泪先垂。强劝陶家酒，还吟谢客诗。偶然成一醉，此外更何之。”诗中虽不乏放荡之意，但也蕴含道教的自然、清静、无为之感。唐代的施肩吾，人称才子，有“仙风道骨”之气，曾著有道教书《西山传道》等。他一生嗜茶，写有许多茶诗。在他的《蜀茗词》诗中，说“山僧问我将何比，欲道琼浆却畏嗔”。将茶比“琼浆”。难怪唐代诗人卢仝，在《走笔谢孟谏议寄新茶》诗中，在一连饮了七碗茶后，写道：“蓬莱山，在何处？玉川子（即卢仝）乘此清风欲归去。山中群仙司下土，地位清高隔风雨。”蓬莱山，乃仙山也，这是群仙居住之处，也是“玉川子乘此清风欲归去”之地，更是道教饮茶的最深感受和饮茶的最高生活追求。

## 第三节　伊斯兰教尚茶禁酒

伊斯兰教，与佛教、基督教并称为世界三大宗教。大约在公元 7 世纪中叶，由西亚和南亚相继传入中国，主要在西北边疆地区的回、维吾尔、哈萨克、塔吉克、柯尔克孜、东乡等兄弟民族中传播。

伊斯兰教教规森严，如在饮食中，酒是绝对被禁止的，不但在市场上不允许有酒出售，就是在私下，也不允许进行酒的交易，更不允许教徒饮酒。佛教认为茶有"三德"，其中一就是茶能使人"不欲"不会乱性；道教认为茶是天赐佳品，可以延年益寿；而伊斯兰教从茶的功能出发，认为茶能使人和睦相处，更不会乱性，所以，酒是被禁止的，茶却是提倡。凡有客进门，必以茶相待；凡有重大节庆，必以茶代酒相敬。在平日生活中"宁可一日无米，也不可一日无茶"。与其他民族相比，茶在伊斯兰教生活中有着更为重要的意义，他（她）们把茶看做是一种道德的修炼，可使人宁静清心，与人为善，同心同德，因此，最符合真主的旨意。加之，包括中国西北地区在内的广大伊斯兰国家，大多居住在高寒或沙漠地区少吃蔬菜；而他（她）们又多以放牧为生，多食牛羊肉，更需消食去腻的食物加以相辅。而茶中含有很多维生素，特别是含有丰富的维生素 C，可以补充蔬菜的不足。而茶中丰富的茶多酚含量，又有中和脂肪，具有消食去腻的作用。因此，茶正好满足了人体生理健康的需要。长期的生活实践，使伊斯兰懂得了饮茶不仅能生津止渴，具有去腻消食的作用；而且饮茶是人体不可缺少的营养来源。所以，在伊斯兰居住地区，尽管很多地方并不产茶，但在信奉伊斯兰教的兄弟民族中，咸奶茶、奶子茶、香料茶等各种富含营养的茶饮料，却蔚为成风，把茶看做是与粮食一样重要。这种风习，在一些信奉伊斯兰的西亚、东南亚、西北非等国家，也莫不如此。从而，使这些国家对茶的消费大大高于非伊斯兰国家。

## 第四节　天主教播茶、倡茶

1556 年，葡萄牙神父克鲁士来到中国传播天主教。克鲁士于 1560 年回国后，将中国的茶和饮料知识传入欧洲，说中国，“凡上等人家习惯以献茶敬客。此物味略苦，呈红色，可以治病，作为一种药草煎成液汁”。以后，意大利传教士利玛窦和牧师勃脱洛等相继来到中国，回国后也纷纷介绍中国饮茶习俗，号召天主教徒饮茶。如勃脱洛在《都士繁盛原因考》中说：“中国人用一种草药煎汁，用以代酒，可以保健防疾病，并可免饮酒之害”。大力宣传饮茶的好处。葡萄牙神父伯特在谈中国饮茶习俗时，还说：“主客见面，即敬献一种沸水冲泡之草汁，名之曰茶，颇为名贵，必须喝二三口。”所以，天主教不但对中国茶传播到欧洲、美洲起了宣传和鼓动作用，而且在天主教内部，极力提倡饮茶，使茶成为天主教最重要的饮品。

# 第五章　饮茶与民风

几千年来，中国人饮茶，世代相沿，遂成为俗。但由于自然条件的不同和社会环境的各异，久而久之，形成了多种多样的饮茶风尚和习俗。这种风尚和习俗，尽管在形成过程中，在各个时期会有不同的表现，但往往世代相传，影响深远。

## 第一节　饮茶与生活

茶原本是生活的必需品，“柴米油盐酱醋茶”，人们生活离不开茶。不仅如此，饮茶还可“细咽咀华”，促进人的思维，细斟缓咽，唤起人的心情，把握茶艺，升华人的精神；敬奉杯茶，拉近人们的感情距离……。所以茶与人民的生活，切膝相关，无处不在，人的生活是离不开茶的。

### 一、客来要敬茶

中国人认为，客来敬茶是常礼。在一杯茶中，既凝聚着中国传统文化的基本精神，又充满着中国传统文化的艺术气息。“柴米油盐酱醋茶”，指出茶是人们生活的必需品，不可缺少；而“琴棋书画诗酒茶”，指出饮茶是人们精神生活和艺术文化的享受。路边一角钱一碗的大碗茶，固然受到过往行人的欢迎，而在茶艺馆中高达百元以上的一杯茶，同样为爱茶人所喜爱，心甘情愿掏钱，两者价值相差千倍之多，这里虽然有物质投入的差别，但主要还是因为后者包含了众多的茶文化内容的艺术品味。客来敬茶，它在包容物质和文化的同时，更汇聚着一般情谊，这种精神的"东西"却是无价的。这一传统礼仪，在中国流传，至少已有一千年历史了。据史书记载：早在东晋时，中书郎王濛用"茶汤待客"、太子太傅桓温"用茶果宴客"、吴兴太守陆纳"以茶果待客"。唐·虞世南《北堂书钞》还记载了晋惠帝用瓦盂饮茶之事。据史料记载，惠帝司马衷，是武帝次子，为人愚蠢，即位以后，贾后大权独揽，毒死了太子，引起了"四王"（即赵王伦、齐王冏、长沙王乂、成都王颖）起事，惠帝避难出逃时，近臣随侍，即黄门散骑官用瓦盂盛茶，敬奉惠帝，被惠帝视为患难之交。又据记述南朝史实的《宋录》载，居住在安徽寿县八公山东山寺的昙济道人，是一个很讲究饮茶的人，宋朝宋孝武帝的两个儿子去拜访昙济时，昙济道人设茶招待"新安王子鸾，鸾弟豫章王子尚"。唐代颜真卿的"泛花邀坐客，代饮引清言"；宋代杜来的"寒夜客来茶当酒，竹炉汤沸火初红"；清代高鹗的"晴窗分乳后，寒夜客来时"等诗句，更明白无异地表明了中国人民，历来有客来敬茶和重情好客的风俗。从这些诗句中，人们不难看出，中国人不仅有客来敬茶的习惯，而且还有用茶留客之意。因此，客来敬茶，实际上是中国人的一种礼俗。客人饮与不饮，无关紧要，它表示的是一种待客之举。所以，按中国人的礼俗，敬茶是不可省的。

## 二、奉茶讲礼仪

客来敬茶，要讲究文明礼貌，即通过敬茶，体现出文明与

礼貌。有条件的应做到饮茶的客厅窗明几净，整洁有序，桌上铺好台布，插上鲜花，使环境显得更加幽雅可亲。

按中国人的饮茶习惯，客来敬茶时，如果家中藏有几种名茶，还得一一介绍。如果是特别名贵的茶，主人还会向客人介绍一下这种茶的由来和与茶有关的故事。当然，也有的会同时拿出几种茶，让客人品尝比较，以引起客人对这些茶的兴趣与好感。从中，也增添了主客之间的亲近感。

至于泡茶用的茶具，最好富有艺术性，即使不是珍贵之作，也要洗得干干净净。倘有污迹斑斑，则被视为是一种不文明的表现，是对客人的一种“不恭”。如果用的是一种珍稀或珍贵的茶具，那么，主人也会一边陪同客人饮茶，一边介绍茶具的历史和特点，制作和技艺，通过对壶艺的鉴赏共同增进对茶具文化的认识，使敬茶情谊得到升华。

敬茶时，无论是客人坐在你的对面，还是坐在你的左边或右边。按中国人的礼节，都必须恭恭敬敬地用双手奉上。讲究一些的，还会在饮茶杯下配上一个茶托或茶盘。奉茶时，用双手捧住茶托或茶盘，举至胸前，轻轻道一声：“请用茶!”这时客人就会轻轻向前移动一下，道一声：“谢谢!”或者是用右手食指和中指并列弯曲，轻轻叩击桌面，表示“双膝下跪”，同样是表示感谢之意。倘若用茶壶泡茶，而又得同时奉给几位客人，那么，与茶壶匹配的茶杯，其用量宜少不宜大，否则无法一次完成，无形中造成对客人有亲疏之分，这是要尽量避免的。如茶壶与杯搭配相宜，正好“恰到好处”，那么说明主人茶艺不凡，又能引起客人的情兴与共鸣，实在是两全其美。



### 三、沏茶重技艺

客来敬茶，在注重礼节的同时，还要讲究泡茶的技艺。在泡茶时，最好避免用手直接抓茶，可用金属、瓷器、角质、竹木等制作的茶匙，逐壶（杯）添加茶叶。如果客人是体力劳动者，或是老茶客，一般可以泡上一杯饱含浓香的茶汤；如果客人是文人学士，或无嗜茶习惯的，一般可以泡上一杯富含清香的茶汤；倘若主人并不知道客人的爱好，又不便问时，那么，不妨按一般要求，泡上一杯浓淡适中的茶汤。这种根据来客需要而进行泡茶的作法，用茶学界的行话来说，叫做“因人泡茶”。

泡茶用水必须是清洁无异味的。泡茶时，不宜一次将水冲得过满。也可分两次冲水，第一次冲至三分满，待几秒钟后，茶叶开始展开时，再冲至七八分满。无论用茶壶泡茶，还是用茶杯直接泡茶，切不可将壶盖或杯盖口沿朝下放在桌子上，而必须将盖沿朝上，以免玷污盖沿。送茶时，也切不可单手用五指抓住壶沿或杯沿提与客人，这样做既不卫生，又缺少礼貌。

如果是宴请宾客，那么，还得敬上餐前茶和餐后茶。餐前茶一般选饮的是清香爽口的高级绿茶或花茶，以清淡一些为宜，目的在于清口；餐后茶一般选饮的是浓香甘洌的乌龙茶或普洱茶，以浓厚一些为宜，目的在于去腻助消化，还可起到解酒的作用。不过，在饭店和宾馆，用得最普遍的是餐前茶；在家庭，用得最普遍的是餐后茶。

在中国，对饮茶有“一人得神，二人得趣，三人得味，七八人是施茶”的说法。认为在工作之余，约上一二知己，一边饮茶品茗，一边促膝谈心，自有情趣在其中。中国有句俗语，叫做“酒逢知己千杯少”，饮茶又何尝不是如此呢？老朋友在一起，细啜慢饮，推心置腹，无所不谈，自然有“饮不尽的茶，说不完的话”之趣。如果七八人在一起，大杯喝茶，那只好天南地北、高谈阔论，要相互交心，则难以办到。明人冯可

宾在《芥茶笺》中写道："茶壶以小为贵，每一客壶一把，任其自斟自饮方为得趣，何也，壶小则香不涣散，味不耽搁。"所以，那种大碗急饮，通常只有在经过强体力劳动，口渴唇干时才会见到。中国人遇到喜事常以一醉方休为快！有趣的是：茶喝得过多过浓，也会"醉"。这一是因为茶叶中含有较多的咖啡碱，它能刺激中枢神经系统，使人精神兴奋。如有的人与老友重逢，促膝长谈，频频饮茶，毫无倦意，"莫道清茶不是酒，情到浓时也醉人"，这种超乎寻常的兴奋状态，其实就是一种"茶醉"的表现；二是有的人平日不甚饮茶，一旦饮茶多了，或是在空腹时饮了浓茶，身体一时适应不过来，产生恶心、头晕，甚至冒虚汗等，也是"茶醉"的表现。遇到这种情况，只要吃上几块糖果，再喝几口白开水，就可以解醉了。

客来敬茶，在做到技熟艺美的同时，对敬茶者来说，还要有良好的气质和风姿，一个人的长相是天生的，是父母的遗传因子决定的，并非自己可以选择。但自己可以通过努力，不断加强自我修养，即使自己容貌平平，客人也可从他（她）的言行举止，甚至衣着打扮中发现自然纯朴之美，甚至变得更有个性和魅力，从而使客人变得更有情趣，很快进入饮茶的最佳境界。

一个人的气质，对客人敬茶也很重要，倘有较高的文化修养，得体的行为、举止，以及对茶文化知识的了解和掌握，做到神、情、技动人，自然会给客人以舒心之感。一般说来，敬客的是女性，则以素静、整洁、大方、淡妆为上，切忌浓妆艳抹，举止轻浮失常。如果是男士，则以仪表整洁，言行端正为好，切忌言笑粗鲁。总之，客来敬茶，要体现出以茶为"媒"，使主客之间焕发出自内心的情感，而最终达到亲近有加。

## 四、送茶为敬客

中国人不但有客来敬茶的习惯，而且还有送茶敬客的做法。倘若“有朋自远方来”，主人敬茶时，发现客人对冲泡的茶情有独钟时，只要家中藏茶还有富余，一定要分出茶来，当即馈赠给客人。或者是：亲朋好友，常因远隔重洋，关山阻挡，不能相聚共饮香茗，引为憾事，于是千里寄新茶，以表怀念之情。唐代大诗人白居易的：“蜀茶寄到但惊新，渭水煎来始觉珍”；宋代梅尧臣的“忽有西山使，始遗七品茶”；明代徐渭的“小筐来石埭，太守尝池州”；清代郑燮的“此中蔡（襄）丁（渭）天上贡，何期分赐野人家”等诗句，都充分表现了亲朋间千里分享新茶佳茗的喜悦之情。其实，这种远地送茶寄亲人的风俗，时至今日，依然如故。它通过送茶这一形式，使远方的亲朋好友，能体察到朋友的情谊，进一步增加亲近感，最终达到敬客之意。

# 第二节　贡茶与斗茶

斗茶，又称茗战，它是古代以饮茶的形式，用战斗的姿态，品评茶叶优劣的一种方法。斗茶时，既要讲究茶品，又要注意水质，还要重视技艺，可谓是中国古代饮茶的集大成。这种品饮茶的方式，一直流传至今，仍常为民间采用。

## 一、斗茶的兴起

斗茶的兴起，在很大程度上，与中国推行的贡茶有关。

贡茶是指古代进奉给包括皇帝在内的皇室饮用之茶。晋代常璩的《华阳国志·巴志》载，周武王伐纣时，巴国已将茶与

其他珍贵产品，纳贡给周武王。但据宋代寇宗奭《本草衍义》载，贡茶始于晋代，说："晋温峤上表，贡茶千斤，茗三百斤。"南朝宋时，山谦之的《吴兴记》则记有：乌程县二十里有温山，出产御茶。不过，在唐以前，虽有贡茶之说，但并未形成一种制度。而唐时，不但各地名茶入贡，而且还于唐大历五年（770），在浙江长兴顾渚山设贡焙；至会昌中，贡额达18 400斤。《新唐书·地理志》中提及唐代贡茶产地达17州之多，最有名的是江苏宜兴的阳羡、浙江长兴的紫笋茶和四川雅州的蒙顶茶。宋代贡茶更盛。入宋以后，宋太祖首先移贡焙于福建建州的北苑。据《宋史·食货志》载："建宁腊茶，北苑为第一。其最佳者曰社前，次曰火前，又曰雨前，所以供玉食、备赐予。太平兴国始置。大观以后制愈精，数愈多，胯式屡变而品不一，岁贡片茶216 000斤。"明洪武初，明太祖朱元璋罢团茶改贡茶。据明代谈迁《枣林杂俎》载：明代有44州县产贡茶。这种贡茶制度一直承沿到清代。

由于贡茶制度的出现，它在带给人民群众深重苦难的同时，却在一定程度上促进了名茶的开发和茶采制技术的提高，甚至还为一部分人投机取巧、讨好皇上提供了机会。北宋蔡襄在《茶录》中亦谈到：斗茶之风，先由唐代名茶、南唐贡茶产地建安兴起。于是这样就出现了斗茶。用斗茶斗出的最佳产品，作为贡茶。所以说，斗茶是在贡茶兴起后才出现的。



## 二、因何斗茶

因何斗茶，北宋范仲淹的《和章岷从事斗茶歌》说得十分明白："北苑将斯献天子，林下雄豪先斗美。"为了将最好的茶献给皇室，达到晋升或邀宠，斗茶也就应运而生。北宋苏东坡《荔枝叹》诗曰："武夷溪边粟粒芽，前丁后蔡相笼加；争新买宠各出意，今年斗品充官茶。”这里的“前丁后蔡”，说的是北宋太平兴国初，福建漕运使丁谓和福建路转运使蔡襄。自唐至宋，贡茶的进一步兴起，茶品愈益精制。再通过斗茶，将最好的斗品，充做官茶。据北宋欧阳修《归田录》载：“茶之品，莫贵于龙凤，谓之团茶，凡八饼重一斤。庆历中，蔡君谟（襄）为福建路转运使，始造小片龙茶以进，其品绝精，谓之小团，凡二十饼重一斤，其价直金二两。然金可有，而茶不可得，每因南郊致斋，中书、枢密院各赐一饼，四人分之。宫人往往镂金花于其上，盖其贵重如此。”宋时，贡茶称之为龙凤团饼，又有大小之分，还镂花于其上，精绝至止。大龙团初创人为丁谓，曾在北苑督造贡茶。而其后的蔡襄，为了博得皇帝的喜欢，在督造福建贡茶时，又在大龙团的基础上，改造小龙团。大龙团原本已是8饼1斤，小龙团却是20饼1斤，其目的正如苏东坡所说，为的是“争新买宠”。结果丁谓终于官至为相，封晋国公。蔡襄召为翰林学士、三司使。不仅如此，而且还有因献茶得官的。为了博得皇上欢心，更有到处斗茶搜茗，掠取名茶进贡，为此升官发财的。据宋代胡仔《苕溪渔隐丛话》载：“郑可简以贡茶进用，累官职至右文殿修撰、福建路转运使。”后来其侄也仿效郑可简“千里于山谷间，得朱草香茗，可简令其子待问进之。因此得官。”其时，又遇宋徽宗赵佶好茶，宫中盛行斗茶之风。为迎合皇室，郑可简还督造“龙团胜雪”（茶），他儿子将朱草（茶）送进宫廷，走升官捷径。这件事，一直被后人讥讽：“父贵因茶白（宋代茶以白为贵），儿荣为草朱。”



### 三、斗茶的方式

如北宋的范仲淹《和章岷从事斗茶歌》，专门有一段写斗

茶情景的："鼎磨云外首山铜，瓶携江上中泠水。黄金碾畔绿尘飞，碧玉瓯中翠涛起。斗茶味兮轻醍醐，斗茶香兮薄兰芷。其间品第胡能欺，十目视而十手指。胜若登仙不可攀，输同降将无穷耻。"这里明白无异地告诉大家：因为斗茶是在众目睽睽之下进行的，所以茶的品第高低都会有公正的评论。而斗茶的结果，胜利者得意"如登仙"，而对失败者犹如"降将"一般，则是一种耻辱。对如何斗茶，宋代唐庚在《斗茶记》中写得十分清楚：斗茶者二三人聚集在一起，献出各自珍藏的优质的茶品，烹水沏茶，依次品评，定其高低，表明斗茶是评定茶叶的一种方法。

综合宋代有关茶著斗茶的方式，其方法大致如下：

(1) 炙茶：陈饼茶用"沸汤渍之"，去除膏油，再用微火炙干。新茶，则可免去炙茶。

(2) 碾茶：用纸包住茶饼，槌成小块，再用茶碾碾成细末。

(3) 罗筛：即过筛，粗粒重新碾后再筛，直至茶全部过筛。

(4) 候汤：要掌握烧水程度，汤嫩则"沫浮"；汤老则"茶沉"。

(5) 烘盏：加热茶盏，以发挥"点茶"的最佳效果。

(6) 点茶：先投茶，后注汤，再调膏。具体"点"法，在下节中将会提到。

(7) 品比：按宋代对茶品的要求，斗茶胜负的标准决定于两条：一是比茶汤的色泽，以白为上；二是比汤花紧贴盏壁"咬盏"时间的长短。

斗茶不同于唐代以陆羽为代表，以精神享受为目的的品茶。在宋代斗茶都是饮茶大盛的集中的表现，上达皇室，下至

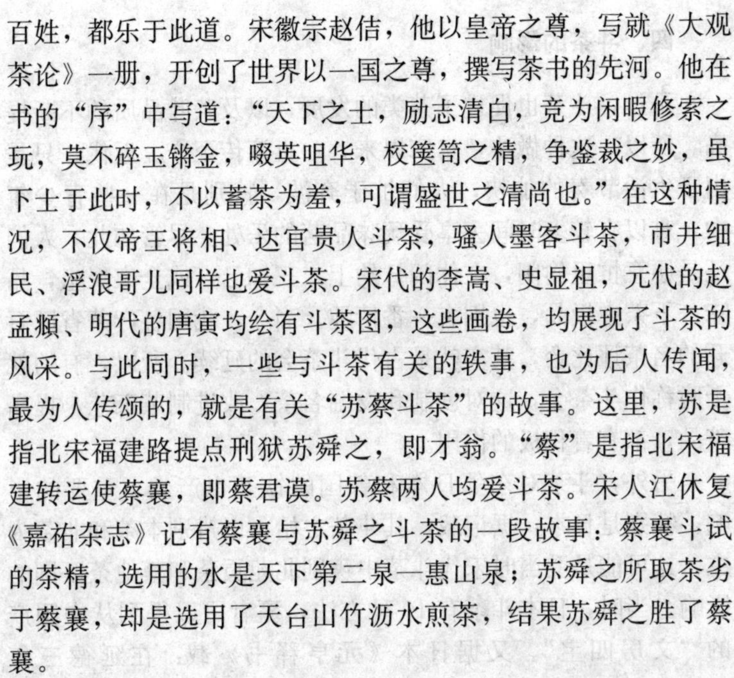

百姓，都乐于此道。宋徽宗赵佶，他以皇帝之尊，写就《大观茶论》一册，开创了世界以一国之尊，撰写茶书的先河。他在书的“序”中写道：“天下之士，励志清白，竞为闲暇修索之玩，莫不碎玉锵金，啜英咀华，校箧笥之精，争鉴裁之妙，虽下士于此时，不以蓄茶为羞，可谓盛世之清尚也。”在这种情况，不仅帝王将相、达官贵人斗茶，骚人墨客斗茶，市井细民、浮浪哥儿同样也爱斗茶。宋代的李嵩、史显祖，元代的赵孟頫、明代的唐寅均绘有斗茶图，这些画卷，均展现了斗茶的风采。与此同时，一些与斗茶有关的轶事，也为后人传闻，最为人传颂的，就是有关“苏蔡斗茶”的故事。这里，苏是指北宋福建路提点刑狱苏舜之，即才翁。“蔡”是指北宋福建转运使蔡襄，即蔡君谟。苏蔡两人均爱斗茶。宋人江休复《嘉祐杂志》记有蔡襄与苏舜之斗茶的一段故事：蔡襄斗试的茶精，选用的水是天下第二泉—惠山泉；苏舜之所取茶劣于蔡襄，却是选用了天台山竹沥水煎茶，结果苏舜之胜了蔡襄。

蔡襄还善于茶的品评和鉴别。他在《茶录》中说：“善别茶者，正如相工之瞟人气色也，隐然察之于内。”他鉴定建安名茶石岩白，一直为茶界传为美谈。彭乘《墨客挥犀》记：“建安能仁院有茶生石缝间，寺僧采造，得茶八饼，号石岩白，以四饼遗君谟，以四饼密遣人走京师，遗内翰禹玉。岁余，君谟被召还阙，访禹玉。禹玉命子弟于茶笥中选取茶之精品者，碾待君谟。君谟奉瓯未尝，辄曰：‘此茶极似能仁石岩白，公何从得之?’禹玉未信，索茶贴验之，乃服。”北宋欧阳修深知君谟嗜茶爱茶，在请君谟为他书写《集古录目序》时，以大小龙团和惠山泉水作为润笔费。蔡襄称此举是“太清而不俗”。蔡襄年老因病忌茶时，仍“烹而玩之”，茶不离手。

## 四、斗茶的影响

不过，斗茶也促进了茶类的发展，以及茶叶品质的不断提高，所以，这种做法，自宋以来，一直流传至今。近代，只是由于生活节奏的加快，人们忙于奔波，特别是在一些青少年中，难以有较多时间去享受玩味品茗的乐处。尽管如此，人们还是愿意忙里偷闲，在休闲日约上二三知己，或全家聚坐，品味一下茶中极品，也别有一番情趣。当今，我国各产茶省区召开的名茶评比会，其实就是古代斗茶会的延续。所以，有的就干脆称作斗茶会，这对创制和发掘名茶，改进制茶工艺，提高茶品，都有着积极的作用。

另外，斗茶对东邻日本和韩国的饮茶也产生了重要的影响。特别是日本，据记载，其斗茶之始，以辨别本茶和非茶为主，这可能是受当时宋代斗茶中辨别北苑贡茶和其他茶区别的影响。当时，日本斗茶有 10 种方法，赢者可以得到从中国产的“文房四宝”。又据日本《元亨释书》载：在延德三年(1491)，还进行过“四种十服法”斗茶。就是在斗茶前，先有 3 种茶让斗茶者品尝一下，以后在 10 次品尝斗茶过程中反复出现，品有第四种茶只出现过一次。最后看谁能分辨清楚。这种方法与中国的斗茶相比，更有情趣，也更加复杂化，它对以后日本茶道的形成，也产生了重要的影响。

## 第三节　点茶与分茶

古代烹茶方式，有“唐煮宋点”之说，即唐人品茶以煮茶为主，而到宋代时，茶的品饮技艺，已由唐代的煮茶发展为点茶。而点茶是一项技艺性很强的沏茶方式。在点茶过程中，茶

汤浮面出现的变幻，又使点茶派生出一种游戏，古人称之为分茶，亦称茶百戏，实是一种沏茶游戏。所以，点茶与分茶（茶百戏），可以说是一根藤上的两个瓜，是相互联系在一起的。

**一、点茶及其要领**

点茶的要求很严，技术性也很强，所以，古人有“三不点”之说，即点茶时，泉水不甘不点，茶具不洁不点，客人不雅不点。宋代胡仔《苕溪渔隐丛话》载：“六一居士（欧阳修）《尝新茶诗》云：泉甘器洁天色好，坐中拣择客亦佳。东坡守维扬，于石塔寺试茶，诗云：‘禅窗丽午景，蜀井出冰雪。坐客皆可人，鼎器手自洁’。正谓谚云三不点也。”至于点茶技艺要求很高，北宋苏东坡有诗云：“道人晓出南屏山，来试点茶三昧手。”说北宋杭州南屏山净慈寺中，高僧谦师妙于茶事，品茶技艺高超，达到得之于心，应之于手，非言传可以学到者。因此，人称谦师为“点茶三昧手”。北宋史学家刘贡父也有赠谦师诗一首，曰：“泻汤点茶三昧手，觅句还窥诗一斑。”明代韩奕亦有诗曰：“欲试点茶三昧手，上山亲汲云间泉。”表明点茶比唐人的煮茶，更加讲究技艺。虽然宋代品茶方式也有采用煮茶的，但凡“茶之佳者，皆点啜之”。这种技艺高超的点茶方式，是宋代品茶大成的集中表现。

点茶时，先要选好茶饼的质量，要求“色莹澈而不驳，质缜绎而不浮，举之凝结，碾之则铿然，可验其为精品也”。也就是说，要求饼茶的外层色泽光莹而不驳杂，质地紧实，重实干燥。点茶前，先要炙茶，再碾茶过罗（筛），取其细末。再候汤（选水和烧水），尔后将细末入茶盏调成膏。同时，用瓶煮水使沸，把茶盏温热。认为“盏惟热，则茶发立耐久”。调好茶膏后，就是“点茶”和“击沸”。所谓点茶，就是把茶瓶

里的沸水注入茶盏。点水时，要喷泻而入，水量适中，不能断续。而点沸，就是用特别的茶筅，形似小扫把，边转动茶筅，边搅拌茶汤，使盏中泛起“汤花”。如此不断地运筅、击沸、泛花，使点茶进入美妙境地。时人称此情此景为“战雪涛”。这是因为宋人崇尚茶汤白色，所以，“战雪涛”其实就是通过点茶和击沸，使茶汤面上浮起一层白色浪花。凡盏内茶汤表层白色有光泽，且均匀一致，而汤色保持时间久者，当为“上品”；若汤花隐散，茶盏内出现“水痕”的为“下品”。

据北宋蔡襄《茶录·点茶》载：“钞茶一钱七，先注汤，调令极匀；又添注入，环回击沸，汤上盏可四分则止。”按晚唐称量 1 钱约 4 克计，则点茶的用茶量约为 7 克。点茶的茶器有茶焙、茶笼、砧椎、茶铃、茶碾、茶罗、茶盏、茶匙、汤瓶等，在整个点茶过程中，其中候汤最难，据罗大经《鹤林玉露》载：“汤欲嫩，而不欲老。”“盖汤嫩，则茶味甘，老则过苦矣！，”而最为关键的则是点茶。据宋徽宗赵佶《大观茶论》载，点茶要做到：“量茶受汤，调如融胶”，点茶之色，以纯白为上；追求茶的真香、本味，不掺任何杂质；注重点茶的动作优美，协调一致。但凡精于点茶者，称之为“善点茶”或“点茶三昧手”。



## 二、分茶及其影响

分茶，在唐及唐以前，原本是一种烹茶时的待客之礼。到了宋代时，斗茶大行。斗茶融入了分茶技艺，使茶汤表面变幻出各种纹饰，于是又出现了一种点茶游戏，这就是分茶，又称茶百戏。茶百戏的影响，几乎波及全国，而且还影响到东邻日本等国，可谓影响深远，名声远播。

1. 何谓分茶　分茶一词，最先见于唐代韩翊《为田神玉谢茶表》："吴主礼贤，方闻置茗；晋臣好客，才有分茶。"表明分茶是一种待客之礼。宋初，沿袭唐人习俗，煎茶用姜、盐，不用者则称分茶。以后，又逐渐将分茶演变成为一种游戏。宋代胡仔《苕溪渔隐丛语》载："分试其色如乳，平生未尝曾啜此好茶。"进行时，表明分茶结合点茶同时进行。"碾茶为末，注之以汤，以筅击沸"，使茶汤表层浮液幻变成各种图形或字迹。北宋陶谷《荈茗录》载："近世下汤运匕别施妙诀，使汤纹水脉成物象者，禽兽、虫鱼、花草之属，纤巧舅画，但须臾即就散灭。此茶之变也，时人谓之茶百戏"。表明分茶是宋人点茶时派生出来的一种茶艺游戏，原先主要流行于宫廷闺阁之中，后来扩展到民间，上至帝王下至庶民都玩。据宋代重臣蔡京《廷福宫曲宴记》载：宴会上宋徽宗亲自煮水点茶，击沸时运用高超绝妙的手法，竟在茶汤表层幻画出"疏星朗月"四字，受到众臣称颂。不过，分茶虽出自斗茶中的点茶，着重点不在于斗出好的茶品，而通过"技"注重于"艺"，这个"艺"，就是使茶汤表面显现出变幻的纹饰。但又不同于纯艺术的游戏，似乎两者的因素都有，即游戏中进行沏茶，沏茶中包含有游戏。

2. 分茶造成的影响　分茶，主要流行于宋、元时期，也可以说是一种茶艺术。分茶带来的影响是很大的，特别是给佛教造成了深远的影响。相传，古时有一名叫福全的和尚，善于点茶注汤，能使茶汤表面变幻出诗句来。倘若四盏并点，则会使四盏汤面各现一句诗，最终凑为一首绝句。一次，有人求教，他当场分茶，结果在四个茶盏中，各现诗一句，凑起来即是："生成盏里水丹青，巧画功夫学不成。欲笑当年陆鸿渐，煎茶赢得好名声。"他笑人间"学不成"此等功夫，还暗自讥讽了唐代"茶圣"陆羽也无此功夫。表明分茶虽以点茶为基

础，不过其“技”应在点茶之上。宋代杨万里曾在《澹庵坐上观显上人分茶》一诗中，记述了宋代高僧显上人的高超分茶技艺。他说：“分茶何似煎茶好，煎茶不似分茶巧。蒸水老禅弄泉手，隆兴元春新玉爪。二者相遭兔瓯面，怪怪奇奇真善幻。纷如擘絮行太空，影落寒江能万变。银瓶首下仍尻高，注汤作字势嫖姚。不须更师屋满法，只问此瓶响作答。紫薇仙人乌巾角，唤我起看清风生。京尘满袖思一洗，病眼生花得最明。汉鼎难调要公理，策勋茗碗非公事。不如回施与寒儒，归续《茶经》传衲子。”表明佛教对分茶有更深的了解和掌握。不仅如此，佛教还将分茶加以佛化。就是将分茶时茶盏内茶汤表面出现的泡沫景象和特异情景，与佛教的意念融洽在一起。最富灵验的是浙江天台山的“罗汉供茶”。据《大唐西域记》载：“佛言震旦天台山石桥（即石梁）方广圣寺，五百罗汉居焉。”据《天台山方外志》载：宋景定二年（1261），宰相贾似道命万年寺妙弘法师建昙华亭，供奉五百罗汉。分茶时，供茶杯汤面浮现出奇葩，并出现“大士应供”四字。后来，众多诗人吟咏这一“罗汉供茶”奇事。宋代诗人洪适称：“茶花本余事，留迹示诸方。”元瑞曰：“金雀茗花时现灭，不妨游戏小神通。”这种“罗汉供茶”出现的神灵异感，传至京城汴梁（今河南开封），连仁宗皇帝赵祯，也感动不已，认为这是佛祖显灵，下诏：“闻天台山之石桥应真之灵迹俨存，慨想名山载形梦寝，今遣内使张履信赍沉香山子一座、龙茶五百斛、银五百两、御衣一袭，表朕崇重之意。”表明分茶的声誉影响之深。北宋天台山国清寺高僧处谦，还将天台山方广寺内的分茶灵感，带到杭州，给时任杭州太守的苏东坡察看，苏氏大为赞叹，赋诗曰：“天台乳花世不见，玉川（注：卢仝）风腋今安有？东坡有意续《茶经》，会使老谦名不朽。”苏东坡也感为观叹。

天台山分茶，也影响到东邻日本。宋乾道四年（1168），日本佛教临济宗创始人千光荣西法师来天台山学佛，对石桥“罗汉供茶”作了考察记录。宋淳熙十四年（1187），荣西第二次来天台山，师从天台山万年寺虚庵怀敞法师，在长达2年多的时间里，每年总要深入万年寺和石桥茶区，考察茶事。宋绍熙二年（1191），荣西回国，后经精心研究，写成日本国第一部茶书《吃茶养生记》。他对天台山石梁“罗汉供茶”亦有记载：“登天台山，见青龙于石桥，穆罗汉于饼峰，供茶汤现奇，感异花于盏中。”宋宝庆元年（1225），日本高僧道元来天台山万年寺求法，回国时又将天台山石梁“罗汉供茶”之法，带回日本曹洞宗总本永平寺。据《十六罗汉现瑞华记》载：“日本宝治三年（1249）正月一日，道元在永平寺以茶供养十六罗汉，午时，十六尊罗汉皆现瑞华。现瑞华之例仅大宋国天台山石梁而已，本山未尝听说。今日本数现瑞华，实是大吉祥也。”日本佛教界，把中国天台山分茶法带回日本的同时，在分茶时，茶盏茶汤表层浮现的异景，称之为瑞华（花），誉之为吉祥。所以，分茶的影响，不仅波及全国，而且还产生了深远的国际影响。



## 第四节　茶宴和茶话会

茶宴，本是朋友间品茗清谈之举，在此基础上，又演绎出茶话会，这是一种“以茶引言，用茶助话”的习俗，至今已成为中国，乃至世界最时尚的集会方式之一。

### 一、古今茶宴

以茶为宴，首见于唐代。唐代“大历十才子”之一的钱起

有一首茶宴诗，名曰：《与赵莒茶宴》。诗载："竹下忘言对紫茶，全胜羽客醉流霞。尘心洗尽兴难尽，一树蝉声片影斜。"诗中说的是钱起与赵莒一道举行茶宴时的愉悦情感，一直饮到夕阳西下才散。这表明茶宴，原本只是亲朋好友间的品茗清谈的聚会形式，这在其他一些唐人留下的墨迹中，也可得到印证。唐代鲍君徽的《东亭茶宴》诗曰："闲朝向晓出帘栊，茗宴东亭四望通。远眺城池山色里，俯聆弦管水声中。幽篁映沼新抽翠，芳槿低檐欲吐红。坐久此中无限兴，更怜团扇起清风。"在唐代李嘉祐的《秋晓招隐寺东峰茶宴送内弟阎伯均归江州》诗中，也写道："幸有茶香留稚子，不堪秋草送王孙。"[1] 都写出了与至友茶宴时的快慰和令人留恋的心境。

至于茶宴，参加的人数可多可少。如果说钱起和赵莒茶宴只限于二人的话，那么，唐代白居易诗《夜闻贾常州、崔湖州茶山境会想羡欢宴因寄此诗》，则是一次盛大的欢乐茶宴。诗中写道："遥闻境会茶山夜，珠翠歌钟俱绕身。盘下中分两州界，灯前合作一家春。青娥递舞应争妙，紫笋齐尝各斗新。自叹花时北窗下，蒲黄酒对病眠人。"这首诗的前半部是写新茶品评，常州的阳羡茶和湖州的紫笋茶，互相比美；后半部写歌舞之乐。作者因伤病在床，不能亲自参加这次盛大的茶宴，不胜感慨，遗憾万千。又如唐代吕温写到的三月三日茶宴，它是一篇以茶代宴的聚会形式。他在《三月三日茶宴序》一文中提到："三月三日上巳，禊饮之日也。诸子议以茶酌而代焉。乃拨花砌，憩庭阴，清风逐人，日色留兴。卧指青霭，坐攀香枝，闲莺近席而未飞，红蕊拂衣而不散，乃命酌香沫，浮素杯，殷凝琥珀之色。不令人醉，微觉清思，虽五云仙浆，无复



① 《全唐诗》卷二百七，题目注"晓"一作"晚"，"稚子"注"一作释子"。

加也。座右才子南阳邹子、高阳许侯，与二三子顷为尘外之赏，而曷不言诗矣。”吕氏在这篇序中既写了茶宴的缘起，又写了茶宴的幽雅环境，茶宴的令人陶醉。自唐以后，茶宴这种友人间的以茶代宴的聚会形式，一直延绵不断。如五代时的朝臣和凝，与同僚“以茶相饮”，轮流做东，相互比试茶品，把这种饮茶之乐，美称为“汤社”。自宋开始，由于与这种文人雅士引茶聚会的形式相仿，但更加接近民众的茶馆业的大兴，使茶宴开始淡化，不再引人注目。到了近代，随着人们对物质、精神和文化生活要求的提高，茶宴一词又开始较多地见诸人们的日常生活。不过，今日茶宴，大多泛指以茶配点作宴，或以茶食、茶菜形式作为宴请客人的一种方式。与古人的茶宴相比，虽然形式大抵相同，但内容已经有所改善和提高。与茶宴平行于世，但不像茶宴那样豪华，并经常为世人所采用的还有茶话会，这也是一种以茶叙谊、联络感情的集会形式，它简朴、庄重、随和，受到大家的欢迎。

## 二、茶话会



茶话会，既不像茶宴那样隆重显富，又不像日本茶道那样循规蹈矩，它质朴无华，吉祥随和，因而受到中国人民的喜爱，广泛用于各种社交活动，上至欢迎各国贵宾，商议国家大事，庆祝重大节日；下至开展学术交流，举行联欢座谈活动，庆贺工商企业开张。在中国，特别是新春佳节，党政机关、群众团体、企事业单位，总喜欢用茶话会这一形式，清茶一杯，辞旧迎新。所以，茶话会成了中国最流行、最时尚的集会社交形式之一。在茶话会上，大家用茶品点，不拘形式，叙谊谈心，好不快乐。在这里，品茗成了促进人民交流的一种媒介，饮茶解渴已经无关重要。

一般认为茶话会是在古代茶宴、茶话和茶会的基础上逐渐演变而来的。而“茶话”一词，据《辞海》称饮茶清谈，方岳《入局》诗：“茶话略无尘土杂。”今谓备有茶点的集会为茶话会。表明茶话会是指用茶点招待宾客的一种社交性集会。而“茶会”一词，最早见诸于唐代钱起的《过长孙宅与郎上人茶会》：“偶与息心侣，忘归才子家。言谈兼藻思，绿茗代榴花。岸帻看云卷，含毫任景斜。松乔若逢此，不复醉流霞。”诗中表明的是钱起、长孙和郎上人三人茶会，他们一边饮茶，一边言谈，他们不去欣赏正在开放的石榴花，且神情洒脱地饮着茶，甚至连天晚归家也忘了。茶会欢乐之情，溢于言表。如此看来，茶话会与茶宴一样，它的形式已有千年以上历史了。

茶话会在中国出现以后，这种饮茶集会的社交风尚，也慢慢地传播到世界各地。在欧美，根据历史记载，17 世纪中叶，荷兰商人把茶运往英国伦敦，引起英国人的兴趣。当时，英国社会上酗酒之风很盛，特别是上层社会和青年中间更为严重。公元 1662 年葡萄牙公主凯瑟琳嫁给英王查理二世，她把饮茶之风带到英国，推崇饮茶风尚，还在皇宫举行茶会，请群臣入席，成了朝廷的一种礼仪。其时，显贵人家都辟有茶室，用茶待客，以茶叙谊，成为主妇们的一种时尚。自此，英国人也尊称凯瑟琳为“饮茶王后”。18 世纪时，茶话会已盛行于伦敦的一些俱乐部组织。至今，英国的学术界仍经常采用茶话会这种形式，边品茶，边研究学问，其名为“茶杯精神”。17 世纪末 18 世纪初，荷兰饮茶成风，主妇们以品茶聚会为乐事，甚至达到了着迷的程度。当时荷兰上演的戏剧《茶迷贵妇人》说的就是这件事。在日本，特别推崇茶道；在韩国，讲究茶礼；在东南亚各国，时尚以茶敬客。在这些国家里，商界和社团，也常喜欢用茶话会形式，进行各种社交活动。

由于茶话会廉洁、勤俭，简单朴实；又能为社交起到良好的作用，所以很得人心。在中国目前仍很流行，已被机关团体、企事业单位普遍采用。特别是20世纪90年代以来，茶话会已成为中国，以及世界上众多国家最为时尚的社交集会方式之一。

## 第五节　坐茶馆与施茶会

茶馆与茶摊都是指用来专门饮茶的场所。不过，茶馆有固定的场所。坐茶馆是人们休闲、议事叙谊、买卖交易的好去处。而茶摊往往没有固定的场所，是流动式的或季节性的，主要是为过往行人提供解渴之便。更有甚者，由民间出资，专为过往行人提供免费饮茶的施茶会，这在中国，它们都是人们生活不可缺少的组成部分，可以称得上是一种特殊的服务行业，受到人们的喜爱。

### 一、坐茶馆



茶馆，又称茶楼、茶坊、茶肆等。中国的茶馆遍及大江南北，无论是城镇，还是乡村，几乎随处可见。在这里，不分职业，不讲性别，不论长幼，不谈地位，都可以随进随出，广泛接触到各阶层人士。在这里，可以探听和传播消息，抨击和公断世事，并进行思想交流、感情联络和买卖交易；在这里，可以品茗自乐、休闲。所以，坐茶馆，是人们生活的需要，符合中国人历来的风习，这也是中国人喜欢坐茶馆的原由之一。

在中国，茶馆的形成是有一个过程的。据《广陵耆老传》载："晋元帝时（317—323），有老姥，每旦独提一器茗，往市鬻之，市人竞买。"表明晋时，已有在市上卖茶水的。南北朝

时，品茗清谈之风在中国兴起。当时已出现茶寮，是专供人喝茶歇脚的，这种场所，称得是中国茶馆的雏形。而真正有茶馆记载，则是唐代封演的《封氏见闻记》，其中写道："自邹、齐、沧、棣，渐至京邑城市，多开店铺，煎茶卖之，不问道俗，投钱取饮。"表明在唐时，在许多城市，已开设有许多煎茶卖茶的店铺。这种店铺，已称得是茶馆了。

宋代时，茶馆业开始繁华兴盛，当时北宋的京城汴京，据宋代孟元老《东京梦华录》载："潘楼东去十字街……曰从行裹角，茶坊每五更点灯。博易买卖衣服图画、花环领抹之类，至晓即散。"又曰："旧曹门街，北山子茶坊，内有仙洞、仙桥，仕女往往夜游吃茶于彼。"表明其时除由白天营业的茶馆外，还有供仕女们吃茶的夜市茶馆和人们进行交易的早市茶馆。此外，据孟元老记载，在汴京还有从清晨到夜晚，全天经营的茶馆。至南宋，据《都城纪胜》载：当时南宋京城临安（今杭州）有"大茶坊张挂名人书画，在京师只熟食店挂画，所以消遣久待也。今茶坊皆然。冬天兼卖擂茶，或卖盐豉汤，暑天兼卖梅花酒……茶楼多有都人子弟占此会聚，习学乐器，或唱叫之类，谓之挂牌儿。人情茶坊，本非以茶汤为正，但将此为由，多收茶钱也。又有一等专是娼妓弟兄打聚处；又有一等专是诸行借工卖伎人会聚行老处，谓之市头。水茶坊，乃娼家聊设桌凳，以茶为由，后生辈甘于费钱，谓之干茶钱。"由此可见，南宋杭州的茶馆，形式多样，在"都人"大量流寓以后，较北宋汴京的茶馆更加排场，数量也更多了。据《梦粱录》载，南宋时杭州"处处各有茶坊"，"今之茶肆，列花架，安顿奇松异桧等物于其上，装饰店面，敲打响盏歌卖。止用瓷盏漆托供卖，则无银盂物也……大凡茶楼，多有富室子弟、诸司下直等人会聚。"接着，《梦粱录》还对"花茶坊"和其时杭州的几家有名茶店，也特别作了详细介绍："大街有三五家开茶肆，楼上专安著妓女，名曰'花茶坊'，如市西坊南潘节干、俞七郎茶坊，保佑坊北朱骷髅茶坊，太平坊郭四郎茶坊，太平坊北首张七相干茶坊，盖此五处多有吵闹，非君子驻足之地也。更有张卖面店隔壁尖嘴蹴球茶坊，又中瓦内王妈妈家茶肆名一窟鬼茶坊，大街车儿茶肆、蒋检阅茶肆，皆士大夫期朋约友会聚之处。"表明当时杭州的茶馆，自宋室南渡后，由于王公贵族、三教九流云集临安，为应顺社会的需要分别开设了供"富室弟子、诸司下直等人会聚"的高级茶楼；供"士大夫期朋约友会聚"的清雅茶肆；供"为奴打聚"、"诸行借工卖伎人会聚"的层次较低的"市头"；更有"楼上安著妓女"，楼下打唱卖茶的妓院、茶馆合一的"花茶坊"。总之，在杭州城内，各个层次的人都可以找到与自己地位相适应的茶馆，开展各种各样的较为广泛的社交活动。

明代，茶馆又有进一步的发展，明代张岱的《陶庵梦忆》中写道："崇祯癸酉，有好事者开茶馆，泉实玉带，茶实兰雪，汤以旋煮，无老汤。器以时涤，无秽器。其火候、汤候亦时有天合之者。"表明当时茶馆对茶叶质量、泡茶用水、盛茶器具、煮茶火候都很讲究，以精湛的茶艺吸引顾客，使饮茶者流连忘返。与此同时，京城北京卖大碗茶兴起，列入三百六十行中的一个正式行业。

清代，茶馆业更甚，遍及全国大小城镇。尤其是北京，随着清代八旗子弟的入关，他们饱食之余，无所事事，茶馆成了他们消遣时间的好去处。为此，清人杨咪人曾作打油诗一首："胡不拉儿（指一种鸟）架手头，镶鞋薄底发如油。闲来无事茶棚坐，逢着人儿唤'呀丢'。"特别是在康（熙）乾（隆）盛世之际，由于"太平父老清闲惯，多在酒楼茶社中。"使得茶

馆成了京城上至达官贵人，下及贩夫走卒的重要生活场所。当时北京茶馆，主要的有二类：一是“二荤铺”，大多酒饭兼营，很有些广东茶楼的味道，品茶尝点，喝酒吃饭，实行一条龙经营。著名的有天福、天禄、天泰、天德等茶馆。这种茶馆，座位宽敞，窗明几净，摆设讲究，用的茶多为香片，盛具是盖茶碗，当属上乘。二是清茶馆，它只卖茶不售食，但多备有“手谈”（即象棋）和“笔谈”（指谜语），下午听评书大鼓的。因此，在某种意义上说，茶馆还是中国文化艺术的发祥地。

茶馆在京城如此，其他城市也相继效仿。在广州，清代同治、光绪年间，“二厘馆”茶楼已遍及全城。这种每位茶价仅二厘钱的茶馆，深受广东人特别是当地劳动大众的欢迎。他们常于早晨上工之前，泡上一壶茶，买上两件美点，权作曰早餐，这种既喝茶又进餐的“一盅两件”的生活习惯与生活方式，可以说是广东人所特有的。在上海的茶馆，兴于同治初年，早期开设的有一同天、丽水台等。清末，上海又开设了多家广州茶楼式的茶馆，如广东路河南路口的同芳居、怡珍居等；在南京路、西藏路一带先后又开设有大三元、新雅、东雅、易安居、陶陶居等多家，都天天满座。除普通市民外，商人在这里用暗语谈买卖，记者在这里采访新闻，艺人在这里说书卖唱，三教九流，无所不有。在杭州，《儒林外史》作者吴敬梓在乾隆年间游览西湖时，对杭城茶馆的描述着墨颇多，说到马二先生步出钱塘门，过路圣因寺，上苏堤，入净寺，4 次到茶馆品茶。一路上“卖酒的青楼高扬，卖茶的红炭满炉”。在吴山上，“单是卖茶的就有三十多处”。虽然这是小说，不能据以为史，但清代饮茶之风，茶馆之盛，暴露无遗。

现代，在中国，东南西北中，无论是城市，还是乡村或集镇，几乎都有规模不等的茶馆。特别自 20 世纪 80 年代以来，

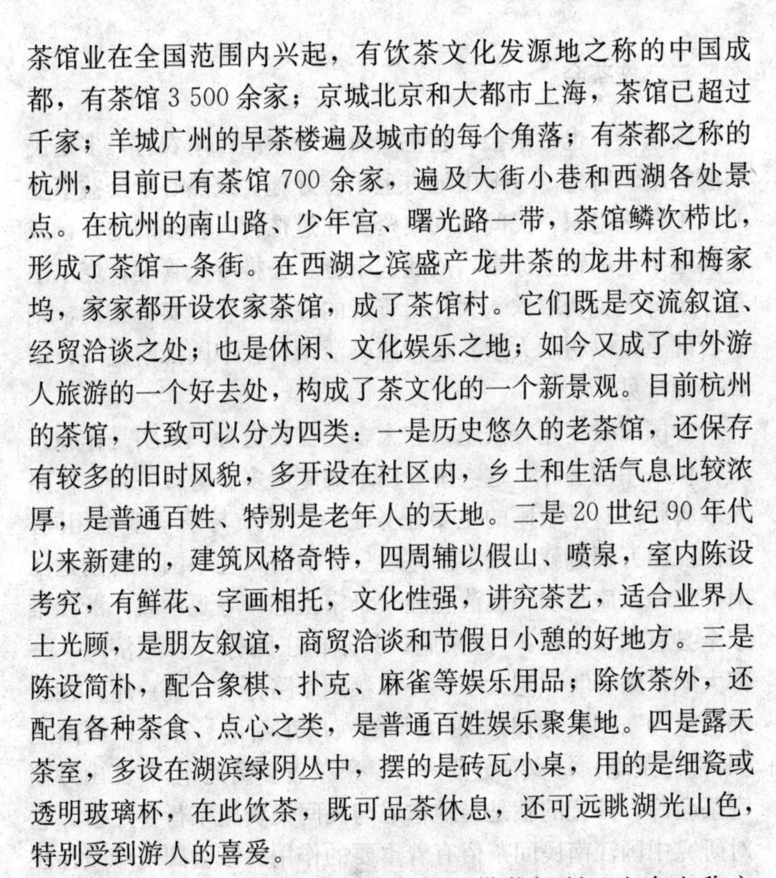

茶馆业在全国范围内兴起，有饮茶文化发源地之称的中国成都，有茶馆 3 500 余家；京城北京和大都市上海，茶馆已超过千家；羊城广州的早茶楼遍及城市的每个角落；有茶都之称的杭州，目前已有茶馆 700 余家，遍及大街小巷和西湖各处景点。在杭州的南山路、少年宫、曙光路一带，茶馆鳞次栉比，形成了茶馆一条街。在西湖之滨盛产龙井茶的龙井村和梅家坞，家家都开设农家茶馆，成了茶馆村。它们既是交流叙谊、经贸洽谈之处；也是休闲、文化娱乐之地；如今又成了中外游人旅游的一个好去处，构成了茶文化的一个新景观。目前杭州的茶馆，大致可以分为四类：一是历史悠久的老茶馆，还保存有较多的旧时风貌，多开设在社区内，乡土和生活气息比较浓厚，是普通百姓、特别是老年人的天地。二是 20 世纪 90 年代以来新建的，建筑风格奇特，四周辅以假山、喷泉，室内陈设考究，有鲜花、字画相托，文化性强，讲究茶艺，适合业界人士光顾，是朋友叙谊，商贸洽谈和节假日小憩的好地方。三是陈设简朴，配合象棋、扑克、麻雀等娱乐用品；除饮茶外，还配有各种茶食、点心之类，是普通百姓娱乐聚集地。四是露天茶室，多设在湖滨绿阴丛中，摆的是砖瓦小桌，用的是细瓷或透明玻璃杯，在此饮茶，既可品茶休息，还可远眺湖光山色，特别受到游人的喜爱。

此外，还有一类与茶馆相类似的供茶场所，也有人称之为野茶馆，习惯上称它为茶摊。它们多见诸于城市的车船码头，或郊外乡镇，或车道两旁，通常凉棚高搭，或索性在绿阴树下，在那里，一张桌子，一块白台布，二根条凳，盛的是粗砂陶碗，喝的是大口大口的凉茶。在这里喝茶的，大多是过往行人，饮茶多为解渴而已。不过，细细体验，也别有一番野趣。

## 二、施茶会

施茶会，也称茶会，它主要流行于中国江南农村，多是民间慈善组织所为。一般由地方上乐善好施、或热心于公益事业的人士自愿组织，民间共同集资，在过往行人较多的地方，或在大道半途，设立凉亭，或建起茶棚，公推专人管理，烧水泡茶，供行人免费取饮。大凡出资者的姓名及管理实施公约，刻于石碑上，以明示大众。这种慈善活动，在中国江南民间，旧日极为常见。

中国旧时多建有茶庵，它大多建在大道旁，其实是作施茶或作供茶用的佛寺，这类佛寺以尼姑庵居多。暑日备茶，供路人歇脚解渴，是茶庵的主要任务之一，性质与茶亭基本相同。浙江江山万福庵就是众多茶庵之一。旧时，在中国，特别是江南一带，茶庵很多。据清乾隆《景宁县志·寺观》载，浙江景宁全县有四个茶庵："惠泉庵，县东梅庄路旁"；"顺济庵，一都大顺口路旁"；"鲍义亭，一都蔡鲍岸路旁"；"福卢庵，在三都七里坳"。明、清时，屈大均的《广东新语》亦载：河南之洲，"有茶庵，每岁春分前一日。采茶者多寓此庵。"江山万福庵茶会碑，碑记的就是当地僧尼与民间集资施茶行善之事，它对研究中国江南民间茶俗有着重要的作用。茶会碑现珍藏在江山市文物管理委员会内。

# 第六章　饮茶与民俗

几千年来，中国人在饮茶过程，世代相沿，由于自然条件的不同，社会环境的各异，久而久之，形成了许多饮茶的风尚和习俗。这种风尚和习俗，尽管在形成过程中，在各个时期会有不同的表现，但往往世代相传，影响深远。

## 第一节　吃茶与婚配

在中国茶的历史上，茶被看做是一种高尚的礼品，纯洁的化身，吉祥的象征，这样使茶的内涵上升到精神世界。吃茶与婚配的关系就是一例。清代郑燮的《竹枝词》便是反映茶与婚姻的一个例证，其中写道："湓江江口是奴家，郎若闲时来吃茶。黄土筑墙茅盖屋，门前一树紫荆花。"写的是一个纯情的农村姑娘，邀请郎君来自家"吃茶"，可谓是一语双关：它既道出了姑娘对郎君的钟情，又说出了要郎君托人来行聘礼，送去爱的信息。又如，清代曹雪芹的名著《红楼梦》里，凤姐笑着对黛玉道："你既吃了我们家的茶，怎么还不给我们家作媳妇?"这里说的"吃茶"，就是订婚行聘之事。其实，"吃茶"一词，在古代的许多场合中，指的是男女婚姻之事。

吃茶与婚配的关系，在中国，由来已久。唐太宗贞观十五

年（641），文成公主嫁给吐蕃松赞干布时，带去茶叶，并由此开创西藏饮茶之风。《藏史》也记载，藏王松赞冈布之孙时，“为茶叶输入西藏之始”。宋代时，著名诗人陆游在《老学庵笔记》中，对湘西少数民族地区男女青年吃茶订婚的风俗，更有详细记载：“辰、沅、靖各州之蛮，男女未嫁娶时，相聚踏唱，歌曰：‘小娘子，叶底花，无事出来吃盏茶。’”宋代的吴自牧在《梦粱录》中也谈到了当时杭城的婚嫁习俗：“丰富之家，以珠翠、首饰、金器、销金裙褶，及缎匹、茶饼，加以双羊牵送。”明末冯梦龙在《醒世恒言》中，也多次提到青年男女以茶行聘之事。在《陈多寿生死夫妻》一文中，就写到柳氏嫌贫爱富，要女儿退还陈家聘礼，另攀高亲时，女儿说：“从没见过好人家女子吃两家茶。”由此可见，茶与婚姻的关系是十分密切的。

## 一、因何以茶为聘

为何中国人要以茶为聘定亲呢？这是有它道理的。对此，明代郎瑛的《七修类稿》说得十分明白：“种茶下籽，不可移植，移植则不复生也，故女子受聘，谓之吃茶。又聘以茶为礼者，见其从一之义。”这种说法在明代许次纾的《茶疏考本》中，也有类似记载。尽管古人认为茶树只能用种子繁殖，移植就会枯死，这显然是一种误解，但祝愿男女青年爱情“从一”，有“至死不移”的意思，这是符合我国传统道德的。这种观念，在清代曹廷栋的《种茶子歌》中得到了充分的阐述：“百凡卉木移根种，独有茶树宜种子。茁芽安土不耐迁，天生胶固性如此。”茶树是常绿树，古人借此喻爱情之树常绿，爱情之花“从一”，以茶为聘，则是将茶作为一种吉祥物，寄托着人们的祝愿。以茶为聘，象征着新郎新娘永不变心，白首偕老。

结婚以后，也像茶树那样，枝繁叶茂，果实累累，以示婚后子孙满堂，合家兴旺发达。时至今日，在中国还有许多地方，在男女婚礼中，有馈赠茶礼和饮茶的风习。在江浙一带，新郎新娘在拜过天地，见过父母之后，就按宾客辈分大小，一一向大家敬茶，一则感谢父老兄弟，二则表明爱情专一。洞房花烛夜，新郎新娘再饮一杯交杯茶，表示永结同心。在江南水乡，杭州、嘉兴、湖州一带，年轻姑娘出嫁之前，家里总要备些上等好茶，对看中的小伙子，姑娘就会以最好的茶相待，这就是“毛脚女婿茶”。一旦男女双方爱情关系确定下来后，就要行定亲仪式，除聘金外，互赠茶壶，并用红纸包上花茶，分别赠送给各自的亲朋好友，俗称“定亲茶”。有些地方，还将女方接受男方送来的聘金和聘礼，谓之“受茶”。此时，女方还得给男家带回一包茶和一袋米。以“茶代水，米代土”，表示将来女方嫁到男家后，能服“水土”。女子结婚时，由娘家准备好咸茶。咸茶是由茶和芝麻、烘青豆、橙子皮、豆腐干、笋干等十几种作料配制而成的咸味茶，分别送给男方亲朋邻里，俗称“大接家茶”。按照当地民风，女儿出嫁后第二天，父母要到女婿家去看望女儿，还得随身带去一包配有烘青豆、橙子皮、野芝麻等高级雨前茶，称为“亲家婆茶”。接着，男方的母亲，要到新娘家，请亲家的亲戚朋友和长辈，到自己家中来喝“新娘子茶”。此后新娘子的亲邻，也得在新娘子出嫁的当年或新娘子回娘家的头一个春节期间，作为回礼喝“请新娘子茶”。

在福建的福安农村有一种婚俗，凡未婚少女出门，不能随便喝别人家茶水，倘若喝了，就意味同意作这家人的媳妇。

在湖南农村，男女订婚，要有“三茶”，即媒人上门，沏糖茶，表示甜甜蜜蜜之意。男青年第一次上门，姑娘送上一杯清茶，以表真情一片。结婚入洞房时，以红枣、花生、桂圆和

冰糖泡茶，送亲友品尝，以示早生贵子跳龙门之意。

在安徽贵溪地区，青年男女订婚相亲之日，用大红木盆，盛上佐茶果品，传送至相亲的人家，把各家送来的礼物摆在桌上，款待亲家，人们称此为“传茶”是传宗接代之意。倘有夫妻不和，双方又碍于面子不便开口时，这时，只要有一方邀请邻里友好前来吃茶，于吃茶中再加劝说，这对夫妻往往就会重归于好。吃茶便成了夫妻重归于好的一种形式。

这种婚俗，在我国北方农村也有。据清代福格《听雨丛谈》记载：“今婚礼行聘，以茶叶为币，满汉之俗皆然，且非正室不用。近日八旗纳聘，虽不用茶，而必曰下茶，存其名也。”又据《顺天府志》记载：“合婚得吉相亲留物为贽，行小茶、大茶礼。”在父母之命，媒妁之言，决定男女终身大事的时代，经媒人转告男女生辰八字后，男方便用茶代币行聘，称之为“行小茶礼”。一旦女方收礼，就称之为“接茶”。在将要结婚之前。还得行备有龙凤喜饼、衣服鹅酒的“大茶礼”。相传，清代光绪皇帝大婚的礼品中，就有精美茶具：金海棠花福寿大茶盘一对，金福寿盖碗一对，黄地福寿瓷茶盅一对和黄地福寿瓷盖碗一对。



现在，这种男女婚姻以茶为信物的做法，虽然已不普遍，但经世未绝，特别是在农村，仍习惯称之为“茶礼”。

**二、兄弟民族的以茶为聘**

以茶为聘联姻，在兄弟民族地区更为常见。藏族同胞一向将茶看做是珍贵的礼品。在青年男女订婚时，茶是不可缺少的礼品。结婚时，总要熬煮许多酥油茶来招待客人。并以茶的红艳明亮的汤色，比喻婚姻的美满幸福。在西藏，对茶与婚姻的关系，还有一个美丽动人的故事呢。说在很久以前，在一河之隔的两山之巅，有一对青年男女结成同心。男的叫文顿巴，女的叫美梅措，他们每日遥相对歌，哪知遭到姑娘母亲、女土司的反对，她指使打手一箭射死文顿巴。为此，使美丽善良的美梅措悲痛欲绝，终于在火化文顿巴的遗体时，姑娘跳入火海，与文顿巴一起化为灰烬。狠毒的女土司仍不肯罢休，将他们的骨灰分开埋葬。可是第二天，在埋葬骨灰的地方长出两株树，而后树枝相连，树桠相抱。为此，女土司又命人将树砍断，于是他们又变成一对鸟，比翼双飞，一个乘祥云飞到藏北，变成一摊白花花的盐；一个腾云驾雾飞到藏南，变成一片茶林。而盐又是藏族喝酥油茶和咸奶茶的主要作料。从此以后，喝茶便成了青年男女结婚以后，生死不离的吉祥之举了。蒙古族姑娘在结婚后的第一件事，就是当着众多亲朋好友的面，熬煮一锅咸奶茶，一则表示新娘心灵手巧，技艺不凡；二来比喻姑娘对爱情的“从一”与甜蜜。拉祜族青年男女求爱时，男方去女方家求亲，礼品中须有一包自己亲手制作的茶叶，另加两只茶罐，女方通过品尝茶叶质量好坏来了解男方的劳动本领和对爱情的态度。布朗族兄弟结婚时，一般要举行三次婚礼，特别是第一次婚礼，虽然鸡、肉、酒等礼品众多，但茶叶是不可缺少的。白族新女婿第一次上门，或女儿出嫁时，做父母的，总要请他们喝“一苦、二甜、三回味”的三道茶，以茶喻世，告诫晚辈，今后做人要好好品味“先苦后甜”的道理。居住在内蒙古、辽宁一带的撒拉族青年男女相爱后，就有男方择定吉日，由媒人去女方家说亲，送“订婚茶”，其中包括砖茶和其他一些礼品。一旦女方接受“订婚茶”，表明婚姻关系已定。在西北地区的回族、东乡族、保安族聚居地，有送茶包的婚俗，即男方看准女方后，先请媒人去女方家说亲，若女方家长同意，男方就会用茯砖茶或毛尖茶、沱茶等包封大红纸，外贴喜庆剪花，

再用红盒装上冰糖、红枣等，扎上红线，由媒人送往女方家中，称之为“送茶包”。女方一旦收了茶包，婚姻就算告成。贵州的侗族，男女青年相爱，并征得家长同意后，就会择定吉日，由男女带上一包糖和茶，请寨上族长和亲朋好友一起品尝，表示自家闺女已经订婚。倘有别的人再来提亲，则告之：“我家的妹崽子已经吃过细茶了。”云南的瓦族，待男女青年确定恋爱关系后，男方家里先要杀鸡敬神，求神灵保佑联姻顺利；再向女方赠送茶叶、酒等礼品，女方长辈分享，取得族人认可。云南的德昂族，则以茶求婚，就是当小伙子征得姑娘同意后，约定好时间和地点，把姑娘接到自己家中，并把一包茶悄悄地挂到女方家门口，以示姑娘已离家去男方家。一般两天后，男方会请媒人去女方家说媒，并再带上一包茶叶、一串芭蕉和两条咸鱼。此时，如果女方家收下礼品，表示同意这门亲事；否则，只得将姑娘送回家。德昂族青年男女，一旦双方家长同意婚配后，在女方的陪嫁中，还有陪茶树的习惯，将女方陪嫁的茶树种在男方家中，生根开花，永远和睦。甘肃裕固族青年男女结婚后第二天天亮之前，新娘第一次到婆家点燃灶火，并用新锅煮酥油茶，称为“烧新茶”。当新媳妇烧好茶后，新郎就会请全家老少就坐，新娘按辈分大小，一一舀上一碗奶茶，以示尊老爱幼，全家幸福。云南的景颇族青年男女结婚时，新郎新娘还会被亲友拉到楼下石臼前，共持一根木杵舂茶，而且不捣完 10 下不罢休，以表示男女双方，生活美满。新疆的塔吉克族青年男女新婚一周后，新郎需在好友陪同下，去向岳父母请安。而当新女婿告辞时，岳父母回赠的礼品中，必定有一个精美的茶叶袋。这是因为塔吉克人爱饮茶，茶是富裕的象征，它是岳父母祝女婿成家后兴旺发达的意思。浙江的畲族，在青年男女喜结良缘时，要行婚礼茶，即新郎新娘拜堂

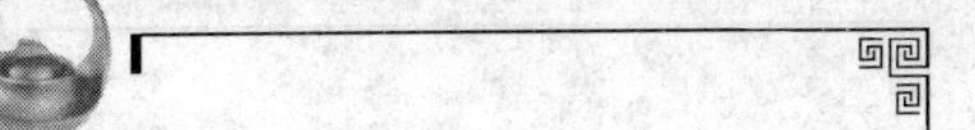



后，则由新娘向长辈及来宾一一敬上甜茶。宾客在饮茶后，大都会在空茶杯中放上一个小红包，在新娘收回空茶杯时，以回敬新娘。

### 三、以茶为聘看今朝

在中国，吃茶与婚姻古今有缘。自唐代起，把茶叶作为高贵礼品伴随女子出嫁后，宋代又有以“吃茶”订婚的风俗。明代以后，“吃茶”几乎成了男女订婚求爱的别称。时至今日，不但我国不少地方仍保留着这种风习，而且还有新的发展。现今，在中国海峡两岸，虽然结婚是人生大事的观念并无改变，但时兴采用茶话会、茶宴等方式举行婚礼的，也不乏其例。这种方式，既符合古代茶与婚姻的传统观念，又体现了现代的精神文明境界。近年来，中国台湾省“格调高雅、情意深长”的结婚茶宴，受到了各界人士的欢迎。通常在举行茶宴婚礼时，礼堂先经过精心布置，并缀以香道和花道作品，充满欢乐气氛和艺术感。在礼堂的一端，有主位茶车一辆，陪衬茶车两辆。婚礼开始之前，由“六仙子”吹奏乐曲，手提香炉，捧着鲜花和果供，在门口迎宾客。客人在礼桌上签名贺喜后，鱼贯入席。一旦宾客到齐，就由报喜花童，手提花篮进入，并分发糖果，祝贺婚姻甜甜蜜蜜。此时，唱诗班就唱起“美丽的约定”歌曲助兴。在乐曲歌声中，在诸亲友的祝福下，新郎、新娘由“六仙子”尾随，踏着红色的地毯，带着满脸的喜悦，一步一步走进礼堂。等到新郎新娘就位，结婚典礼随即开始，整个程序与由一般亲友征婚的方式类同。当婚礼结束后，茶宴立即开始。但见“六仙子”将一对新人引入泡茶区，新娘泡茶招待亲友，新郎担任奉茶司礼。同时，在茶宴会场中，亦有烹饪名厨，制作精美的茶食点心，招待嘉宾。最后在茶香、乐声中圆

满结束婚礼。在中国江南农村及香港、澳门一带，在婚俗中流行饮新娘茶。新娘用上等茶叶冲泡，茶中放有红枣，以示早生贵子吉庆红火之意。青年男女结婚后，新娘首次叩见公婆时，必用新娘茶恭请公婆，公婆接茶品尝，连呼“好甜!”并回赠红包答礼！然后，按辈分、亲疏依次献茶。现代婚礼虽然与古代相比，日趋简化，但奉新娘茶的习惯，一直保留至今。

在国外，茶与婚姻结缘，且不说在华人较多的一些东南亚国家里保留着这些习俗，就是英国，早在17世纪中，葡萄牙凯瑟琳公主就曾携茶嫁给英王查理二世。并针对英国社会的酗酒之风，在宫廷中推行以茶代酒，推崇饮茶风尚。在皇后的影响下，不久茶取代了酒，成了朝廷的一种礼仪，茶逐渐成了豪门世家养身保健的“灵丹妙药”，风行于上层社会。在欧美一些国家，有的年轻人为了适应现代生活的快节奏和新观念，结婚形式已从繁琐的传统，规范化的礼仪，向自由个性发展，如音乐茶会已成为英国青年人盛行的婚宴形式。这种音乐会既无菜肴，又无酒品，只备有上等佳茗及少量糕点、水果之类。前来贺喜的宾客带上一束鲜花，或具有纪念意义的工艺品，以示祝贺。大家随便入座，新娘先向各位敬上香茶一杯，大家品茶尝点，边饮边谈，歌声、笑声不绝于耳。在非洲的毛里塔尼亚等国，用茶作结婚礼品的习俗，亦广为流行。可见茶与婚姻，中外古今，概莫能外。在这里，或以茶为礼，或以茶为吉祥物，如此送茶、受茶，已超出茶的原来作用，如此饮茶，也不是一般的饮茶了。

## 第二节　茶与祭天祀神

茶，精行俭德，本是高洁之物。因此，古往今来，常被用来作为祭天祀神之物品。祭祀活动有祭祖、祭神、祭仙、祭物等，它与以茶为礼相比，显得更加虔诚和讲究，还蒙上一层神秘的色彩。

## 一、用茶祭祀

用茶祭祀，在中国茶叶史上，可以追溯到两晋南北朝时期。东晋干宝的《搜神记》载：夏侯恺因病死，“宗人儿苟奴，素见鬼。见恺数归，欲取马，并病其妻，著平上帻、单衣，入坐生时西壁大床，就人觅茶饮。”这是一个鬼异故事，当然不可信。但它告诉人们，茶可以作为祭品。而比《搜神记》稍后的神怪故事集《神异记》则写得更有意思，说浙江余姚人虞洪上山采茶，遇见一位道士，牵着三头青牛。道士带着虞洪到了瀑布山，对他说：“予丹丘子也。闻子善具饮，常思见惠。山中有大茗，可以相给，祈子他日有瓯牺之余，乞相遗也。”以后，虞洪就用茶来祭祀，后来经常叫家人进山，果然采到大茶。在这里，古人认为即使是“仙人”，同样也是爱茶的，这就是用茶祭仙的延伸。又据梁萧子显的《南齐书》记载：南朝时齐世祖武皇帝在他的遗诏里说：“我灵上慎勿以牲为祭，唯设饼、茶饮、干饭、酒脯而已。”在这里作为武皇帝的萧赜，他是佛教信徒，这显然与他的信仰有关系。有关这类记载中，说得最详细的要算南宋刘敬叔著的《异苑》，其中谈到：剡县（今浙江嵊州）人陈务的妻子，年轻守寡，和两个儿子住在一起，很喜欢喝茶。因为住宅里有一个古墓，她每次在喝茶之前，总要先用茶祭先人。她的两个儿子很讨厌这种做法，对她说：“古冢何知？徒以劳意？”要把古墓掘掉，经母亲苦苦劝说，才算作罢。那一夜，她梦见有个人对她说：“吾止此三百余年，卿二子恒欲见毁，赖相保护，又享吾佳茗，虽潜壤朽

骨，岂忘翳桑之报。”天亮后，她在院子里发现有铜钱十万，好像很久以前埋在地下的，只是穿钱的绳子是新的。为此，她把这件事告诉两个儿子，他们都感到惭愧。此后，他们一家祭奠得更加虔诚了。这个故事显然是虚构的，但它毕竟反映了当时中国的饮茶风俗，在民间已有用茶祭祖的做法。明代道士思瓘在江西南城外麻姑山修建麻姑庵，每天在庵中以茶供神，称之为“麻姑茶”。据载，台湾种茶始于清代。早期制茶师傅多从福建聘请，每年春季大批制茶工从福建渡海去台湾。为此，他们用茶祈求航海保护神妈祖保佑，并将妈祖香火带到台湾后寄挂在茶郊永和兴的回春所内，秋季带回家乡。后来，从福建迎去神祖，称为“茶郊妈祖”，供在台湾回春所内，每年农历九月二十二日（据传是茶圣陆羽生日），闽、台茶人共同祭拜“茶郊妈祖”，至今不改。

用茶祭祀，有的还是沿袭民间传说而形成的，如中国著名黄山毛峰茶的产地黄山一带农村，有的农户，往往在堂屋的香案上供奉着一把茶壶。相传明代时，徽州府有个知县，闻说黄山云雾茶不仅清香扑鼻，滋味甘醇；而且在泡茶时能出现奇景：在雾气缭绕的茶壶上，似能见到有个美丽的姑娘，左脚跪地，面对旭日；右手前伸，犹如一只飞翔的天鹅。知县为了讨得皇帝欢心，匆匆赴京禀报皇上，那知皇帝要在金殿面试，不料一试，未能形成奇观，于是龙颜大怒，将知县立即问斩，并追查制造“胡言邪说”的人，以同处罪。徽州知府闻听此言，大惊失色。他虽听过此传说，但未曾想到知县会瞒着他进京献茶，落得杀身之祸。如今又要给茶乡百姓带来灾难，该杀多少无辜。为此，他只得将个中原由告诉百姓，问众位父老，如何是好？结果，黄山百姓告诉他，用黄山云雾茶泡茶，确有这等景观，但必须有 4 个条件，这就是必须用谷雨前采制的茶叶，盛在紫砂壶中，再用栗树炭烧的山泉水冲泡，才能有此奇观。至此，知府才明白其中奥妙，于是他亲自带着一位有丰富泡茶经验的老汉，带着谷雨茶、紫砂壶、山泉水、栗树炭，来到金殿之上，当场验证。这一着，果然有效，使龙颜大悦，文武百官见了也山呼“神奇！神奇！”于是皇帝重赏了知府，撤销前旨，终于避免了一场大灾难。从此之后，黄山百姓把知府上京用过的紫砂茶壶、扁担、绳索等物奉若珍宝。特别把茶壶看做是“救命壶”。此后，黄山的家家户户，都置上茶壶一把，作为供物。这种习俗，一直流传至今。

在我国民间，还有信神拜佛的，尤其是一些善男信女常用“清茶四（种）果”或“三（杯）茶六（杯）酒”，祭天谢地，期望能得到神灵的保佑。特别是上了年纪的人，由于他们把茶看做是一种“神物”，用茶敬神，便是最大的虔诚。所以，在中国古刹禅院中，常备有“寺院茶”，并且将最好的茶叶用来供佛。据《蛮瓯志》记载：觉林院的僧侣，“待客以惊雷荚（中等茶），自奉以萱带草（下等茶），供佛以紫茸茶（上等茶）。盖最上以供佛，而最下以自奉也。”寺院茶执照佛教规制，还要每日在佛前、祖前、灵前供奉茶汤。“茶禅一味”这种习惯，一直流传至今。有鉴于此，一些虔诚的佛教徒，常以茶为供品，向寺院佛祖献茶，这在中国寺院中有所见，特别是在西藏寺院中最为常见。

在兄弟民族地区，以茶祭神，更是习以为常。湘西苗族居住区，旧时流行祭茶神。祭祀分早、中、晚三次：早晨祭早茶神，中午祭日茶神，夜晚祭晚茶神。祭茶神仪式严肃，说茶神穿戴褴褛，闻听笑声，就不愿降临。故白天在室内祭祀时，不准闲人进入，甚至会用布围起来。倘在夜晚祭祀，也得熄灯才行。祭品以茶为主，也放些米粑及纸钱之类。住在云南景洪基

诺山区的一些兄弟民族，每年夏历正月间要举行祭茶树，其做法是各家男性家长，在清晨时携公鸡一只，在茶树底下宰杀，再拔下鸡毛连血粘在树干上，并口中念念有词，说："茶树茶树快快长，茶叶长得青又亮。神灵多保佑，产茶千万担。"说这样做，会得到神灵保佑，期待茶叶有个好收成。

总之，用茶祭天祀神，在中国许多民族地区，都有这种习俗，期盼天下太平，五谷丰登，国泰民安。

## 二、岁时茶祭

岁时茶祭，逢年过节，尤其如此。在江浙一带，在一些老年人中间，说农历七月初七是地藏王菩萨生日；农历七月十五日，是阴间鬼放假的鬼节；农历十二月二十三日，是灶神一年一度的上天之日；农历十二月三十日，是大年除夕，等等。在这些节日里，就得用三茶六酒拜天谢地，泼洒大地，以告慰神灵，保佑平安，寄托未来。这种经世未绝的做法，虽然有逐年减少的趋势，但在一些老年人中，至今时有所见。



在民间，农历正月初一有"新年茶"，二月十二有"花朝茶"，四月有"清明茶"，五月有"端午茶"，八月有"中秋茶"。这种民间吉日茶祭，热烈亲和，意在寻求吉利、祥和的气氛。

在中国，不同地区，还有不同的岁时茶祭。在江南一带，每逢春节期间，有客进门习惯于在泡茶时，放上两颗青橄榄，代表"元宝"之意。吃这种茶，称之为吃"元宝茶"，意在祝客人新年发财。浙江杭州一带，每逢新茶上市，祭罢祖先，有将新茶和糕团馈赠亲友、乡邻的做法，谓之为"七家茶"。据明代田汝成《西湖游览志余》载："立夏"之日，人家各烹新茶，配以诸色细果，馈送亲戚、比邻，谓之"七家茶"。在江

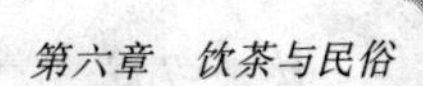



浙、闽台等地，在端午节时，多选用红茶、苍术、柴胡、藿香、白芷、苏叶、神曲、麦芽等原料，煎成“端午茶”饮用，说是可以逢凶化吉，百病消散。因此，有钱人家用“端午茶”作为一种施舍；穷人集资配料，也以能喝上一碗端午茶为乐事。

这种岁时祭茶的做法，在中国少数民族地区，也时有所见。在贵州的侗族居住区，每年正月初一，用红漆茶盘盛满糖果，一家围坐火塘四周喝“年茶”，表示这样做，可以获得全年全家合家欢乐。另外，侗族还有“打三朝”的风习，就是在小孩出生后第三天，家中请人唱歌、喝茶，以保平安。当夜，宾客满屋，主人会将桌子拼成“长龙席”，桌上放满茶水、茶点、茶食，众亲友团团围坐，边唱歌、边喝茶，认为这样做，上苍会保佑孩子长命百岁，聪明智慧。

## 第三节　茶与丧葬

用茶作为殉葬品，古已有之。在湖南长沙马王堆西汉1号墓（公元前160年）和3号墓（公元前165年）出土的随葬清册中，有“梢一笥”和“梢笥”的竹简文和木牌文，经查证：“梢”乃是古代“槚”的异体字，即为“苦茶”的意思，指的就是茶；“笥”是“箱”的意思，表明至迟在2 100多年前，茶已作为丧事的随葬物。这种风习，在中国不少地区，一直沿袭至今。长辈死后，若生前爱茶，做晚辈的就用茶作随葬品，以尽孝心慰藉长辈在天之灵。至于根据故人生前遗嘱作为随葬物的更是时有所闻。

用茶作为殉葬品，在我国民间有两种说法：一种认为茶是人们生活的必需品，人虽死了，但阴魂犹在，衣食住行，如同

凡间一般，饮茶仍然是不可少的。前面提及的几则神异故事，就是这种意念的反映。它虽有迷信色彩，但也表明晚辈对长辈的一片孝心。如流行于云南丽江地区的纳西族居住区鸡鸣祭就是一例。纳西族办丧事吊唁，通常在五更鸡叫时进行，故名鸡鸣祭。吊唁时，家人会备好米粥、糕点等物品供于灵前。若是逝者为长辈，子女会用茶罐泡好茶，倒入茶盅祭亡灵。因为纳西族生前个个爱茶，死后也离不开茶，这是表示小辈对长辈的孝心和怀念。一种人认为茶是“洁净”之物，能吸收异味，净化空气，用今人的话来说，就是用茶作随葬物，有利于死者的遗体保存和减少环境污染。如湖南丧俗中使用茶枕就是一例。旧时，在湖南中部地区，一旦有人亡故，家人就会用白布，内裹茶叶，做成一个三角形的茶枕，随死者入殓棺木。这样做，一则表示茶是洁净之物，可以消除死者病痛；二则可以净化空气，消除异味。还有一种意思就是表示活着的人对死者的一种寄托。如云南丽江地区纳西族的含殓。纳西族人在长辈即将去世时，其子女会用小红包一个，内装茶叶、碎银和米粒，放在即将去世的人的口中，边放边嘱托：“你去了不必挂牵，喝的、用的、吃的都已为您准备好了。”一旦病人停止呼吸，则将红包从死者口中取出，挂在他的胸前，以寄托家人对死者的哀思。所以，用茶作为丧葬物，既有象征意义，又有功能作用，其意是多方面的。

# 第七章　饮茶的约定与成规

中国人最早饮茶，因此也最懂得饮茶的情趣。在长期的饮茶实践中，还形成了许多以人为本，从茶性出发，根据茶对水的要求，结合茶器特性，在茶的冲泡、品饮过程中，形成了许多与茶艺有关的饮茶约定与成规。这些约定与成规，既符合茶艺冲泡和品饮的要求，还可引发饮茶者对品茶的情趣，又可密切主宾双方的亲近感。因此，在茶艺过程中常常加以运用，并能得到较好的效果。下面将一些各地常见的饮茶约定与成规，分类概述如下。在实践过程中，各地还可根据当地的风土人情，加以发掘和运用。



## 第一节　礼仪与风俗

中国是礼仪之邦，这在茶艺过程中，同样得到了充分的显示，在饮茶过程中，也有许多茶仪和茶俗。但中国又是一个多民族的国家，“千里不同风，百里不同俗”。茶艺过程中的以下动作，就是示意礼仪和风俗的。

### 一、摆器示意

在饮茶过程中，有一些约定成规，它是无须用语言去表述

的，只需用一种手势、一个眼神，就能表达出来。这种情况，在中国的西部一带的饮茶礼俗中最为常见。“摆器示意”就是其中之一。

在西南、西北地区，当地多用盖碗饮茶，俗称饮盖碗茶。由于盖碗是由盖、碗、托三件组成的，所以盖碗，当地也称之为“三炮台”，称喝盖碗茶为喝三炮台（茶）的。

品饮盖碗茶时，首先在用左手托住茶托，托上盛有冲沏好茶的盖碗，而右手则用拇指和食指夹住盖钮，食指抵住盖面。一旦持盖后，即可用盖里朝向自己鼻端，先闻盖面茶香。尔后，持盖在碗面的茶汤面上，由里向外撇几下，目的在于使茶汤面上飘浮的茶叶下沉；同时，也有均匀茶汤的作用。如果此时品饮者觉得温热适口，则可将盖碗放回桌上，并将碗盖斜搁于碗口沿。它告诉侍者，茶汤温热适中。如果将碗盖斜搁于碗托一侧，表明茶汤温度太高，冲水时要降低水温，待茶汤降温后再饮。如果将盖碗的纽向下，盖里朝天，表示我的茶碗里已经没水了，请赶快给我冲水。如果将盖碗的托、碗、盖分离，排成一行，它告诉侍者，或是茶不好，或是泡茶有问题，或者服务不周到。总之，一句话，我有意见，请主管赶快出来，说明情况，做出回答。所以，一个有一定服务经验的侍者，一旦看到盖、碗、托分离成三，知道情况不妙，总会赶紧上前，听取意见，并好言相劝，说明情况，表示歉意的！



## 二、茶三酒四

茶三酒四，其表示的意思是品茶时，人不宜多，以二三人为宜；而喝酒则不然，与品茶相比，人可以多一些。这是因为品茶追求的是幽雅清静，注重细细品啜，慢慢体会；而喝酒追求的是豪放热烈的气氛，提倡大口吞下，一醉方休。这也是茶文化与酒文化的重要区别之一。明代屠本畯在《茗笈》中称：“饮茶以客少为贵。”明人陈继儒也在《岩栖幽事》中提出：“品茶，一人得神，二人得趣，三人得味，七八人是名施茶。”七八个人在一起饮茶，环境繁杂，人心涣散，要做到静心品味，谈何容易，仅仅是喝茶解渴而已，这就是施茶。而喝酒就不一样，人多，气氛显得比较热烈。猜拳行令，把壶劝酒，使喝酒的场面显得更加热烈。

其次，茶与酒的属性不一样，因为茶性不宜广，能溶解于水的浸出物有限，即使按茶与水正常比例冲泡的茶水，通常续水 2～3 次，茶味就淡了。如果人多，一壶之茶，后饮者只能喝到既淡薄，又无味的茶汤了。而酒则不然，只要酒缸中存有足量的酒，是不怕人多的。

由此可见，茶三酒四，其实它表达的是一样意思，说品茶，人不宜多；而相对品酒而言，喝酒的人，或许多一些，反而更有气氛。

### 三、叩桌行礼

人们在饮茶时，能经常看到冲泡者向客人奉茶、续水时，客人往往会端坐桌前，用右手中指和食指，缓慢而有节奏地屈指叩打桌面，以示行礼之举。在茶界，人们将这一动作俗称为“叩桌行礼”，或叫“曲膝下跪”，是下跪叩首之意。这一动作的寓意，还有一则动人的故事：史载，清代乾隆皇帝曾 6 次幸巡江南，4 次到过杭州龙井茶区，还先后为龙井茶作过 4 首茶诗。相传，有一次，乾隆为私察民情，乔装打扮成一个伙计模样来到龙井茶区暗访。一天，避雨而到路边小店歇息。店小二因忙于杂事又不识这位“客官”身份，便冲上一壶茶，提与乾隆，要他分茶给随从饮用。而此时，乾隆又不好暴露身份，便

起身为随从斟茶。此举可吓坏了随从，皇帝给奴才分茶，那还了得！情急之上，奴才便以双指弯曲，示“双腿下跪”，不断叩桌，表示“连连叩头”。此举传到民间，从此以后，民间饮茶者往往用双指叩桌，以示对主人亲自为大家泡茶的一种恭敬之意，沿用至今。

如今，这一寓意动作，又有了新的发展。有的茶客也会用一个食指叩桌，表示我向你叩首；倘用除大拇指以外的其余四指弯曲，连连叩桌，寓意我代表大家或全家向你叩首。这种情况，多用于主人向你敬茶时运用。

**四、以茶代酒**

在中国民间。东西南北中，都有以茶代酒之举，无论在饭席、宴请间，还有为朋友迎送叙谊时，凡遇有酒量小的宾客，或不胜饮酒的宾客，总会以茶代酒，以饮茶方式来代替喝酒。这种做法，不但无损礼节，反而有优待之意。所以，在中国，此举随处可见。宋人杜来诗曰：“寒夜客来茶当酒，竹炉汤沸火初红。寻常一样窗前月，为有梅花便不同。”说的就是这个意思。



史载，在中国历史上，以饮茶代替喝酒，由来已久。最早可以追溯到周代。据《尚书·酒诰》记述，商纣是个暴君，酗酒误事，朝政腐败，民皆恨之。周武王兴兵伐纣，执政后为整朝纲，严禁饮酒。人民为感谢武王治国有方，南方各地遂选最好的茶进贡给武王。如此一来，上至朝廷，下及百姓，纷纷以茶代酒。这一廉洁、勤俭的好传统，3 000 多年来，一直流传至今。其间，还不乏涌现出不少以茶代酒的轶事。据《三国志·吴志》记载：三国时代的吴国（公元 222—280 年）国君孙皓，原为乌程侯，他每次宴请时，坐客每次至少饮酒 7 升，虽不完全喝进嘴里，也都要斟上并亮盏说干。而孙皓的手下有位博学多闻，深为孙皓所器重的良才韦曜，酒量不过2升。孙皓对他优待，就暗中赐给韦曜茶水，以饮茶水代替喝酒。这是因为茶自从被人发现利用以来，一直被视为是一种高尚圣洁的饮料。“茶圣”陆羽称茶为“精行俭德之人”。南宋诗人陆游《试茶》诗中明确表示，若要从茶和酒之间做出选择，宁要茶而不要酒。既然如此，那么，以茶代酒，也是一种高雅之举。君不见，佛教坐禅修行，一不准喝酒，二不准进点，三不能打盹，却准许饮茶。伊斯兰教教规很严，在严禁喝酒的同时，却提倡饮茶。天主教在倡导爱主的同时，也倡导饮茶，并为爱茶的传播和推广做出了自己的贡献。这就是以茶代酒之所以能历数千年而不衰的缘由。今天随着社会的发展，人们生活不断提高，可以茶代酒，却有愈来愈旺之势。

## 五、捂碗谢茶

在中国民间，凡有客进门，无须客人问话，是否需要饮茶？主人总会冲上一杯热气腾腾的热茶，面带笑容，恭敬地送到客人手里。至于客人饮与不饮，无关紧要，其实，这是一种礼遇，一种“欢迎”的意思。它表示的本意，按中国人的习惯，当客人饮茶时，茶在杯中仅留下1/3时，就得续水。此时，客人若不想饮茶，或已经饮得差不多了，或不再饮茶想起身告辞，客人就会平摊右手掌，手心向上，左手背朝上，轻轻移动手臂，用手掌捂在茶杯（碗）之上按一下。它的本意是：谢谢你，请不必再续水了！主人见此情意，也不用言传，已经意会，停止续水。用这种方式，既有示意，又有感意，有时甚至比用语言去挑明，显得更有哲理，更富有人情味。这种做法，无论在广大汉民族居住区，还是少数民族居住地，都有“捂碗”谢茶的作法。

## 六、茶分三等

在中国饮茶史上，出现过按身份施茶的习俗。相传，浙江雁荡山，历史上是佛教参禅的好住处。东晋永和年间，这里就有佛门弟子 300，终年香火不断，朝山进香的施主和香客甚多。其时，产茶不多，很难满足用茶招待施客，要用上等茶招待更是困难。为此，雁荡寺院采用因人施茶的办法，并用暗语传话。凡有客人进院，若是达官贵人、大施主，负责接待的和尚就喊："好茶、好茶！"于是端上来的就是一杯香茗上品；若是上等客人、小施主，就喊："用茶、用茶！"则端上来的是一杯上好的茶；若是普通香客，就喊："茶、茶！"那端上来的是一杯较普通的茶。在电视剧《宰相刘罗锅》中，有一段刘罗锅刘墉与郑燮（郑板桥）的茶事叙述，这个故事的出处是郑板桥题词讥人。相传：有一次，清代大书画家郑板桥去某寺院，方丈见他衣着俭朴，如同一般俗客。为此，双方略施小礼后，方丈根据本寺院俗规，就淡淡地说了声："坐"，又回头对小和尚说："茶！"小和尚随即送上一杯普通茶；坐下后双方一经交谈，方丈感到此人谈吐不凡，颇有学问。于是引进厢房，说："请坐！回头又对小和尚说："敬茶！"这时小和尚送来一杯上好的香茗；尔后再经深谈，方知来者乃是"扬州八怪"之一的大书画家郑燮。随即请到方丈室，连声说："请上坐！"并立即吩咐小和尚说："敬香茶！"于是小和尚连忙奉上一杯极品珍茗。告别时，方丈一再恳求，请郑板桥题词留念。郑氏略加思索，当即提笔写了一副对联：

上联是：坐，请坐，请上坐

下联是：茶，敬茶，敬香茶

方丈一看，满面羞愧，从此以后，这个寺院看客施茶的习

惯也就改了。不过，这种习俗，如今虽有淡化，但对一些特别尊贵的客人，或好友久别重逢，或小辈见长辈来到时，取出一包平时舍不得吃的极品茶，与其同享，这种情况，也是时有所见，它是出于一种待客的礼遇。

## 第二节　吉祥与祝福

在茶艺过程中，有些寓意，是通过动作的“形”表示其意的，如“凤凰”三点头；但也有的是无形的，它是通过有形的茶艺动作，以最终的结果去说明其意的，如浅茶满酒、七分茶三分情等。

### 一、浅茶满酒

在中国民间，有一种习俗，叫做“茶满欺人，酒满敬人”；或者说“浅茶满酒”。它指的是，在用玻璃杯或瓷杯或盖碗直接冲泡茶水，用来供宾客品饮时，一般只将茶水冲泡到品茗器的七八分满为止。这是因为茶水，是用热水冲泡的，主人泡好茶后，马上奉茶给宾客，倘若满满的一杯热水，无法用双手端茶敬客，一旦茶汤晃出，又颇失礼仪。其次，人们品茶，通常采用热饮，满满一杯热茶，会烫坏嘴唇，这不是叫人无法饮茶吗？这会使宾客处于尴尬场面。第三是茶叶经热水冲泡后，总会或多或少地有部分叶片浮在水面。所以，人们饮茶时，常会用嘴稍稍吹口气，使茶杯内浮在表面的茶叶下沉，以利于品饮；如用盖碗泡茶，也可用左手握住盛有茶汤的碗托，右手抓住盖纽，顺水由里向外推去浮在碗中茶水表面的茶叶，再去品饮茶叶。如果满满一杯热茶，一吹一推，岂不使茶汤洒落桌面，又如何使得！而饮酒则不然，习惯于大口畅饮，显得更为豪放，所以在民间有“劝酒”的做法。加之，通常饮酒，不必

加热，提倡的是温饮。即使加热，也是稍稍加温就可以了，因此，大口喝酒，也不会伤口。所以说浅茶满酒，既是民间习俗，又符合饮茶喝酒的需求。

### 二、七分茶、三分情

七分茶、三分情，其实就是浅茶满酒的体现。其做法是主人在为宾客分茶，或直接泡茶时，泡茶时在做到茶水的用量正好控制在品茗杯（碗）的七分满为止。而留下的三分空间，当作是充满了主人对客人的情意。其实，这是泡茶和品茶的需要，而民间，则上升成为融洽主宾的一种礼仪用语。

### 三、凤凰三点头

对细嫩高档名优茶的冲泡，通常是采用两次冲泡法：第一次采用浸润法；第二次采用凤凰三点头法。它们指的都是泡茶的动作与要领，泡茶的技巧与艺术。具体做法是，当茶置入杯或盖碗中后，把水壶中的开水，用旋转法按逆时针方向冲水，用水量以浸湿茶叶为度。通常约为容器的1/5。再用手握茶杯（碗），轻轻摇动杯（碗），目的在于使茶叶在杯（碗）中翻动，浸润茶叶，使叶片舒展，这样既能使茶叶容易浸出，更好地溶解于水；又可使品茶者在最大限度内闻到茶的真香。这一动作，在茶艺界称之为浸润泡。整个泡茶过程的时间，掌握在20～30秒之间完成。紧跟浸润泡后的第二次冲泡，采用的方法就是“凤凰三点头”，即再次向杯（碗）内冲水时，将水壶由低向高，连拉3次，俗称“凤凰三点头”，使杯（碗）中的冲水量恰好达到七八分满为止。采用凤凰三点头法泡茶：一是可以使品茶者观察到茶在杯（碗）中上下翻滚，犹如凤凰展翅的美姿；二是可以使浸出的茶汤上下、左右回旋，使整杯

（碗）茶汤浓度均匀一致。不过，这个动作还蕴藏着一个重要的含义，那就是主人为迎接客人的到来，有向客人“三鞠躬”之意，以示对客人礼貌和尊重的意思。所以，这个泡茶动作，在茶馆中常为运用。如果茶艺小姐穿着大方，风度有加；再加上泡茶时，能从茶性出发，在做到技巧的同时，又能达到艺美，那么，像凤凰三点头之类的泡茶技艺，既能融洽宾主双方的情感，还能收到以礼待人的效果。

## 第三节 拟人与比喻

在饮茶技艺中，还有些约定和成规，是通过形象的手法，用拟人的方法和比喻的动作去说明问题的，最明显的例证，前者如关公巡城、韩信点兵；后者如内外夹攻、端茶送客就是如此。

### 一、关公巡城

在茶艺过程中，关公巡城既是寓意，又是动作，多用于福建及广东汕头、潮州地区冲泡工夫茶时运用。因为这些地方冲泡工夫茶，它与台湾地区目前流行冲泡工夫茶的方法是不一样的，后者将冲泡好的工夫茶先倒入一个叫公道杯的盛器内，尽管从壶中倒入公道杯中的茶汤前后浓度是不一样的，但当全部茶汤统统倒入公道杯后，已经是均一的了。而福建、广东人冲泡工夫茶时，用茶量通常要比冲泡普通茶高出2～3倍，这样大的用茶量，冲泡浸水后，茶叶几乎占据了整个茶壶，使壶中的茶汤上下浓度不一，如将壶中的茶水直接分别洒到几个小小的品茗杯中，这样往往使前面几杯的茶汤浓度偏淡，后面几杯的茶汤浓度偏浓，这在客观上不符合茶人精神，不能同等对客。为此，在福建和广东的汕头、潮州一带，通过长期的饮茶

实践，总结出了一套能解决这一矛盾的工夫茶冲泡方法，“关公巡城”就是其中之一。具体做法是，一旦用茶壶或冲罐或盖碗冲泡好工夫茶后，在向几个品茗小茶杯中倒茶汤时，为使各个小茶杯的茶汤多少，以及茶汤的颜色、香气、滋味前后尽量接近，做到平等待客。为此，在分茶时，先将各个小品茗杯，按宾客多少，“一”字形排列，再采用来回提壶倒茶法洒茶，尽量使各个品茗杯中的茶汤浓度均匀。加之，冲泡工夫茶时，通常选用的是紫砂壶或紫砂做的冲罐和盖碗泡茶。而在茶壶（罐、碗）中的茶汤，又是用现烧开水冲泡的，热气腾腾。在人们的心目中，三国时的武将关公（关云长）是紫红色的脸面。如此，提着紫红色的冲茶器，在热气腾腾条形排列的城池（一排小品茗杯）上来回巡茶，犹如关公巡城一般，故而，将这一动作，称之为“关公巡城”。它既生动，又形象，还道出了动作的连贯性。但关公巡城这道茶艺程序，其目的在于使分茶时，各个品茗杯中的茶汤多少浓度达到一致，称它为关公巡城，只不过是拟人化的美称。



### 二、韩信点兵

韩信点兵，与关公巡城一样，既是饮茶的需要，又是一种拟人的比喻，更是一种美学的体现。这是在小杯啜工夫茶时，常加运用。特别是冲泡福建工夫茶和广东潮（州）汕（头）工夫茶时，最为常见。这一茶艺程序是紧跟关公巡城进行的。因为经巡回分茶（关公巡城）后，还会有少许茶汁留在冲泡器中，而冲泡器中的最后几滴茶汁，往往是最浓的，也是茶汤的精髓所在，弃之可惜。但为了将这少许茶汁均匀分配在各个品茗杯中，所以，还得将冲泡器中留下的几滴茶汤，分别一滴一杯，一一滴入到每个品茗小杯中，这种分茶动作，被人形象地

称之为“韩信点兵”。其实，韩信，乃是西汉初的一位名将，他足智多谋，善于用兵、点兵。因此，用“滴滴茶汁，一一入杯”之举，比做“韩信点兵”实在是惟妙惟肖，使人回味无穷。不过，就茶艺而言，“韩信点兵”，其关键是使一壶茶汤，通过分茶，使各个品茗杯中的茶汤，达到均匀一致。而形象的拟人动作，只是体现了工夫茶冲泡中的一种美学展示。

## 三、内外夹攻

内外夹攻本是出于对冲泡某些茶的需要而采用的一道程序，诸如对一些采摘原料比较粗老的茶叶，最典型的是特种名茶乌龙茶，最佳的采摘原料是从茶树新梢上采下“三叶半”，即待茶树新梢长到顶芽停止生长，新梢顶上的第一叶刚放半张叶时，采下顶部“三叶半”新梢，是为上品。这与采摘单芽或一芽一二叶新梢加工而成的茶相比，显然原料要粗老。对这种茶，茶汁很难冲泡出来，所以，冲泡时水温要高。为提高泡茶时的水温，不但泡茶用水要求现烧现泡，泡茶后当即加盖，加以保温；而且要在泡茶前，先用热水温茶壶，以免泡茶用水被壶吸热而降温；而且，还得在泡茶后用滚开水淋壶的外壁追热。这一茶艺程序称之为“内外夹攻”。它的寓意是淋在壶里，热在心里，给品茶者一个温馨之感。其实，这一程序在很大程度上是出于泡茶的需要。目的有二：一是为了保持茶壶中的水温，促使茶汁浸出和茶香透发；二是为了清除茶壶外溢出的茶沫，以清洁茶壶。这一程序，对冬季或寒冷地区冲泡乌龙茶而言，更是必不可少。

## 四、游山玩水

采用壶泡法泡茶，通常在冲泡后，难免为有水滴落在壶的外壁，特别是冲泡乌龙茶时，不但泡茶冲水要满出壶口，而且

还有淋壶之举，使壶的外壁附着许多水珠。如果要将壶中的茶汤，再分别倒入各个品茗杯中，这一过程，人称分茶。分茶时，常用右手拇指和中指握住壶把，食指抵住壶的盖纽，再提起茶壶，为了不使溢在壶表顺势流向壶足的小水流（滴）落在桌面上，往往在分茶前，先把茶壶底足，在茶船上沿逆时针方向荡一圈，再将壶底置于茶巾上按一下，这样可以除去附在壶底上的水滴。在这一过程中，由于把壶沿着"小山"（茶船）荡（玩）了一圈，目的又在于除去游动着的壶底之水，因而，美其名为"游山玩水。"

### 五、端茶送客

茶可用来敬客，但在中国历史上，也有用以茶逐客的。这种做法，过去多见于官场中。如大官接见小官时，大官都堂堂正正地摆好架子，端坐大堂上。再在两边，侍从"一字"排开。然后传令"请"！于是小官进堂拜谒，旁坐进言，倘若有言语冲撞，或遇言违而意不合，或言繁而烦心，大官就会严肃地端起茶杯，以一种端茶的特定方法，示意左右侍从"送客"。而侍从也就心领神会，齐呼"送客"。在这种情况下，端杯就成为一种"逐客令"。人们可曾记得，在《官场现形记》和《二十年目睹之怪现状》中，就有关于"端茶"逐客之闻。据说，清末民国初时，孙中山先生为求团结救国，曾北上去找清政府李鸿章，面呈政见。但由于志不同、道不合，话不投机，不一会李鸿章就生气地喊道："端茶！"于是孙中山忿然起立，拂袖而去。

据查，"端茶送客"的做法，首见于宋代普济的《五灯会元》，这是一本佛教书，其本意并非是"逐客"之意。内载有公案一则，曰："问：还丹一粒，点铁成金。至理一言，转凡成圣。学人上为，请师一点。师（翠岩会参）曰：不点。曰：

为什么不点。师曰：恐汝落凡圣。曰：乞师至理。师曰：侍者，点茶来。”其实，在这则公案中，师是以一种特殊的方式，点茶来，接引学人自悟禅理，意思是说：“你不必说了，你可以走了！”因为禅是要靠“自悟”的。但以后在官场上进一步引申，最终成为了一种“端茶逐客”之意。

端茶逐（送）客，与客来敬茶的美德是背道而驰的，特别是在提倡社会文明进步的今天，此风更不可长。

## 第四节　方圆与规矩

在茶艺过程中，有些方圆与规矩，那是在总结泡茶技艺的基础上才形成的，不成方圆，也就是没有规矩可言，所以，这种茶艺程序，是在泡茶实践中逐渐总结出来的，而又在实践中得到提高与升华。以下一些约定与成规，就是如此。

### 一、老茶壶泡和嫩茶杯泡

这里说的是较为粗老的茶叶，需用有盖的瓷茶壶或紫砂茶壶泡茶；而对一些较为细嫩的茶叶，适用无盖的玻璃杯或瓷杯冲泡。这是因为：对一些原料较为粗老的鲜叶加工而成的中、低档大宗红、绿茶，以及乌龙茶、普洱茶等特种茶来说，它们有的因原料所致，有的因茶类所需，采摘的鲜叶原料，与细嫩的名优绿茶，以及少数由嫩芽加工而成的红茶、白茶、黄茶相比，因茶较粗、较大，处于老化状态，所以，茶叶中的纤维素含量高，茶汁不易在水中浸出，因此，泡茶用水需要有较高的温度，才能出味。而乌龙茶，由于茶类采制的需要，采摘的原料新梢，已处于半成熟状态，冲泡时，既要有较高的水温；而且还要在一定时间内保持水温不致很快下降，只有这

样，才能透香出味。而这些茶选用茶壶冲泡，不但保温性能好，而且热量不易散失，保温时间长。倘若用茶壶去冲泡原料较为细嫩的名优茶，因茶壶用水量大，水温不易下降，会“焖熟”茶叶，使茶的汤色变深，叶底变黄，香气变钝，滋味失去鲜爽，产生“熟汤”味。如改用无盖的玻璃杯或瓷杯冲泡细嫩名优茶，既可避免对观赏细嫩名优茶的色、香、味带来的负面效应，又可使细嫩名优茶的风味得到应有的发挥。

对一些中、底档茶和乌龙茶、普洱茶茶而言，它们与细嫩名优茶相比，冲泡后外形显得粗大，无秀丽之感，茶姿也缺少观赏性，如果用无盖的玻璃杯或瓷杯冲泡，会将粗大的茶形直观地显露眼底，一目了然，有失雅观，或者使人“厌食”，引不起品茶的情趣来。

由上可见，老茶壶泡，嫩茶杯泡，既是茶性对泡茶的要求，也是品茗赏姿的需要，它符合科学泡茶的道理。

## 二、高冲和低斟



高冲与低斟，是指泡茶与分茶而言的。前者是指泡茶时，采用壶泡法泡茶，尤其是用提水壶向泡茶器冲水时，落水点要高。冲泡时，犹如“高山流水”一般。因此，也有人称这一冲泡动作为“高山流水”。冲泡工夫茶（乌龙茶）时，更加讲究，要求冲茶时，一要做到提高水壶，使沸水环茶壶（冲罐）口边缘冲水，避免直接冲入壶心；二要做到注水不可断续，不能迫促。那么，泡茶为何要用高点注水呢？这是因为：高冲泡茶，能使泡茶器内的茶，上下翻动，湿润均匀，有利于茶汁的浸出。同时，高冲泡茶，还能使热力直冲泡茶器底部，随着水流的单向流动和上下旋转，有利于泡茶器中的茶汤浓度达到相对一致。另外，高冲泡茶，特别是首次续水，对乌龙茶来说，随着泡茶

器中茶的旋转和翻滚，使茶的叶片很快舒展，可以除去附着在茶片表面的尘埃和杂质，能为乌龙茶的洗茶、刮沫打下基础。

茶经高冲泡茶后，通常还得进行适时分茶，即斟茶。具体做法是将泡茶器（壶、罐、瓯）中的茶汤一一斟入到各个品茗杯中。但斟茶与泡茶不一样，斟茶时，提起茶壶分茶的落水点宜低不宜高，通常以稍高品茗杯口为宜。在茶艺过程中，相对于“高冲”而言，人们称之为“低斟”。这样做的目的在于：高斟会使茶汤中的茶香飘逸，降低品茗杯中的茶香味；而低斟，可以在一定限度内，尽量保持茶香不散。高斟会使注入品茗杯中的茶汤表面，泡沫丛生，从而影响茶汤的洁净和美观，会降低茶汤的欣赏性。高斟还会使分茶时产生“滴答”声，弄得不好，还会使茶汤翻落桌面，使人生厌。

其实，高冲与低斟，是茶艺过程中两个相连的动作，它们是人们在长期泡茶实践中的经验总结，目的是有利于提高茶的冲泡质量。

## 三、恰到好处

恰到好处，这是泡茶待客时的一个吉祥语。其做法是泡茶选器时，要根据品茶人数，在选择泡茶用的茶壶或茶罐，应按泡茶器容量大小，配上相应数量的品茗杯，使分茶时，每次在泡茶器中泡好的茶，不多不少，总能刚刚洒满对应的品茗杯（通常为品茗杯的七八分满）。其实恰到好处，既是喜庆吉祥之意，又是茶人精神的一种体现，它表达的意思是：人与人之间是平等的，不分先后，一视同仁，没有你、我、他之分。

不过，在我国某些地区，诸如闽南与广东潮州、汕头一带，冲点（分茶时）用的泡茶器，容水量有 1～4 杯之分。而根据宾客多少，泡茶时有意选用稍小的泡茶器泡茶。若 3 人品

茶则用2杯壶，4人品茶用3杯壶，5人以上品茶用4杯壶。这样做的结果，使每次泡茶完毕时，总有一位甚至几位宾客轮空，其结果是每斟完一轮茶后，品茶者总会出现主人让客人，小辈敬长辈，同事间相互谦让的场面，从而使祥和、互敬的融洽气氛充满整个茶座，使“和”、“敬”的精神得到充分的体现，这也是茶德的一种体现。

## 四、上投法、中投法和下投法

这3种投茶方法，是指在茶的冲泡过程中如何投茶而言的。在实践过程中，要有条件、有选择地进行。如果运用得当，不但能掩盖不足，而且还能平添情趣。

### (一) 上投法

它指的是在茶叶冲泡时，先按需在杯中冲上开水至七分满，再用茶匙按一定比例取出适量茶叶，投入盛有开水的茶杯中。用上投法泡茶，多数因泡茶时开水水温过高，而冲泡的茶又是紧细重实的高级细嫩名茶时采用。诸如高档细嫩的径山茶、碧螺春、临海蟠毫、前岗辉白、祁门红茶等。但用上投法泡茶，它虽然解决了冲泡某些细嫩高档名茶时，因水温过高而造成对茶汤色泽和茶姿挺立带来的负面影响，但却会造成茶汤浓度上下不一的不良后果。因此，品饮上投法冲泡的茶叶时，最好先轻轻摇动茶杯，使茶汤浓度上下均一，茶香透发后再品茶。另外，用上投法泡茶，对茶的选择性也较强，如对茶索松散的茶叶，或毛峰类茶叶，都是不适用的，它会使茶叶浮在茶汤表面。不过，用上投法泡茶，在某些情况下，若能向宾客主动说明其意，有时反而能平添饮茶情趣。

### (二) 下投法

这是在冲泡用得最多的一种投茶方法，它是相对于上投法而

言的。具体方法是：按茶杯大小，结合茶与水的用量之比，先在茶杯中投入适量茶叶，尔后，按茶与水的用量之比，将壶中的开水高冲入杯至七八分满为止。用这种投茶法泡茶，操作比较简单，茶叶舒展较快，茶汁较易浸出，且茶汤浓度较为一致。因此，有利于提高茶汤的色、香、味。目前，除细嫩、高级名优茶外，多数采用的是下投法泡茶。但用下投法泡茶，常由于不能及时调整泡茶水温，而影响各类茶冲泡时对适宜水温的要求。

**（三）中投法**

它是相对于上投法和下投法而言的。目前，对一些细嫩名优茶的冲泡，多数采用中投法冲泡，具体操作方法是：先向杯内投入适量茶叶，尔后冲上少许开水（以浸没茶叶为止）；接着，右手握杯，左手平摊，中指抵住杯底，稍加摇动，使茶湿润；再用高冲法或凤凰三点头法，冲开水至七分满。所以，中投法其实就是用两次分段法泡茶。中投法泡茶，在很大程度上解决了上投法和下投法对泡茶造成的不利影响，但操作比较复杂，这是美中不足。

## 五、巡回倒茶

北方人泡茶，喜欢多人用一把壶，认为这样饮茶，富有亲近感。泡茶后的茶壶，经游山玩水除去壶底水滴后，就可以将茶壶中的茶汤，分别倒入“一”字形排开的各个品茗杯中。但茶壶中的茶汤，在上下层之间，浓度不是很一致的。这样，茶壶中倒出的茶汤，前后浓淡是有差异的。为了使各个品茗杯中的茶汤浓度，达到相对一致，各个品茗杯中的茶汤色泽、滋味，乃至香气不致有明显的差异，就要把好分茶这一关。尤其是冲泡乌龙茶。用茶量大，茶壶中的茶汤更难以均匀，所以，分茶采用“关公巡城”之法，它就是巡回倒茶法的一种展示。不过，除乌龙茶外，其他茶类，如绿茶、红茶、花茶等等，虽分茶时，不能像乌龙茶那样

采用关公巡城法使各个品茗杯中的茶汤达到均匀一致，也有采用循环倒茶法去解决茶汤的均匀度。以 4 杯分茶法为例，总容量以七分满为止。具体操作如下：第一杯倒入总容量的 1/4，第二杯倒入总容量的 2/4，第三杯倒入总容量的 3/4，第四杯倒入七分满为止。尔后，再依次 1/4、2/4、3/4 的容量逆向追加茶汤容量，直到茶汤至七分满为止。这种分茶方法，它能最大限度地使各个品茗杯中的茶汤的色、香、味达到均匀一致。它体现了茶人的平等待人精神，使饮茶者的心灵达到“无我”的境地，这也是“天下茶人是一家”的一种体现。

## 第五节 其他寓意和礼俗

“千里不同风，百里不同俗”。中国地大，又有 56 个民族。由于各地历史、环境、文化、习俗不一，因此，民间在饮茶风俗和礼仪上，除了上面提到的冲茶用“凤凰三点头”表示主人向客人“三鞠躬”；分茶用“七分满”，表示留下的是“三分情”；泡茶用“内外夹攻”，表示“暖在心里”外；还有泡茶、烫壶时的回转动作，即用右手提水壶时，冲水需用逆时针方向回转；用左手提水壶冲水时，用顺时针方向回转，它的寓意是欢迎客人来赏茶。

另外，茶壶放置时，壶嘴不能对准品茗的客人，否则，有要客人离席之嫌，是不礼貌之举。

其实，在茶艺过程中，民间还有不少寓意和礼俗动作。各地可以结合当地风习，加以挖掘和运用。只要使用恰当，这样做，不但可以诱发饮茶者的品茶情趣，而且还可以增加宾主双方的亲近感，能取得较好的效果。所以，各地在茶艺过程中常常加以运用。

# 第八章　汉族饮茶风尚

汉族是中国的主体民族，是一个懂礼仪，讲文明，重情好客的民族，也是当今世界上人口最多的民族。汉族遍布整个中国，但主要聚居在黄河、长江、珠江三大流域和松辽平原。

汉民族人民饮茶，方法多样，内容也丰富多彩。凡有客进门，不问你是否口渴，也不问是否要茶，总会用茶敬客，以茶示礼，茶是汉民族人民的生活必需品。所以，汉民族饮茶，不但形式多样，而且内容丰富，饮茶有品茶、喝茶和吃茶之分，有清饮、混饮和调饮之别。诸如品龙井、喝大碗茶和吃早茶，啜乌龙、呷香片和打擂茶等。汉民族饮茶，虽然方法不同，目的不同，但多数推崇清饮。就是将茶直接用热开水冲泡，无须在茶（汤）中加入糖、奶、盐、椒、姜等作料或果品之类，属纯茶原汁本味饮法。汉民族认为，清饮最能保持茶的“纯粹”，体现茶的“本色”。但也有少数地方，出于各种不同的原因，有采用混饮或调饮法饮茶的。

## 第一节　综　述

茶与其他食品一样，在很大程度上依人们的嗜好与习惯为

转移，所以，不但不同的民族有不同的饮茶习俗，就是同一民族的不同地区，同一地区的不同人群，饮茶习俗也是不相同的。加之，中国地广人多，各地历史文化有别，地理环境各异，从而使得国人的饮茶变得千姿百态。

## 一、饮茶风尚迥异

客来敬茶，这是中国人的礼俗。但什么客，哪里来，怎么敬茶，用何种茶，却是要分不同对象的，这样在全国范围而言，使中国的饮茶风俗，变得丰富多彩。

### （一）茶因地而异

中国地域辽阔，各地风土人情不一，因此，饮茶习俗也各不相同。在中国的北方，大多喜爱饮花茶，用有盖瓷杯冲泡，认为这样有利于保持花香。在北方农村，有客人来，更喜欢用大瓷壶泡茶，尔后将茶汤分别倒入茶盅，供人饮用，认为这样做，更有亲近感，主客共饮一壶茶，其乐融融，共同分享饮茶欢乐之趣。在长江三角洲沪、杭、宁和华北的京、津一带，人们爱饮细嫩的名优茶，既要闻其香，啜其味；还要观其色，赏其形，因此，特别喜爱用无盖的玻璃杯或白瓷杯泡茶。品茶时，既强求物质享受，又注重精神欣赏。在江、浙一带的许多地区，饮茶是生活中必不可缺少的一个环节。饮茶时，注重茶的香气和滋味，因此，除细嫩名优茶外，多采用紫砂或小瓷壶泡茶，一人一把（壶），随遇而安，悠悠自乐。福建及广东潮州、汕头一带，习惯用小杯啜乌龙茶，所以，选用“烹茶四宝”，即用潮汕风炉、玉书碨、孟臣罐、若琛瓯泡茶，以品赏乌龙茶的特有韵味。在这里，潮汕风炉是指产于广东潮州、汕头一带的粗陶炭炉（如今也有用电茶炉代替的），专作烧炭加热之用。玉书碨是一把缩小了的瓦陶壶，高把柄，长嘴巴，架在风炉上，专作泡茶之用。孟臣罐是一把比普通茶壶小一些的江苏宜兴产的紫砂壶，其容量与若琛瓯配套，专作泡茶之用。若琛瓯小如香橼，有的甚至只有半个乒乓球大小，其实是只饮茶杯，专供饮茶之用。啜乌龙茶时，一人主泡，其余围坐，一壶一泡一巡。冲泡讲究艺术，既符合冲泡要求，又深具文化内涵。饮茶讲究品赏，啜其"精华"，努力使物质提升到精神。所以，小杯啜乌龙，与其说解渴，还不如说是在闻香玩味中追求享受之乐。川、渝一带的人们，喜欢上茶馆，用盖碗泡茶。饮时，左手托茶托，不烫手；右手摄碗盖，用来拨去浮在茶汤表面上的茶片。加上盖，保茶香；掀掉盖，可观茶的姿色。如此品茶，既有文雅之气，又具古代遗风，特有一番风情。西北地区的陕、甘、宁一带的人们饮茶，主要饮的是炒青绿茶，也有用当地一些特产和茶拼配而成的八宝茶。泡茶器具习惯于用盖碗作饮茶器，长颈壶作冲水器。当地的长嘴壶，有壶嘴长达一米以上，上细下粗，冲水时，"茶博士"从两米之外将水准确冲入碗中，一点也不溢出外面，犹如杂耍一般，动作优美利索，使人未曾尝茶，先得其惊，好生叫人称绝。至于边疆地区，聚居着众多的少数民族，饮茶习俗更是异彩缤纷，使人观叹。

**（二）饮茶要因人制宜**

在脍炙人口的中国古典文学名著《红楼梦》中，对饮茶要因人制宜，有过深入细致的描写。在第四十一回《贾宝玉品茶栊翠庵》中，写栊翠庵尼姑妙玉，因对象地位和与客人的亲近程度，在东禅堂用"海棠花式雕漆填金云龙献寿的小茶盘"，外加"成窑五彩小盖钟（盅）"；再选用"老君眉"茶，"旧年蠲的雨水"泡茶，并亲自"捧与贾母"。在耳房内，宝钗坐在榻上，黛玉坐在蒲团上，妙玉用镌有晋"王恺珍玩"的"爮

翠”烹茶，奉与宝钗；用镌有垂珠篆字的“点犀 ”泡茶，捧给黛玉；用自己日常吃茶的那只“绿玉斗”，后又换成一只“九曲十环一百二十节蟠虬整雕竹根的一个大盏”斟茶，赐给宝玉。这些饮茶器具，虽然都是古玩奇珍，但因人而异，男女有别。而泡茶用水则是“五年前在蟠香寺收的梅花上的雪”水，用好茶、好水、好器泡的“体己茶”，当然“清纯无比，赏赞不绝”。但给其他众人饮茶，却用的是“一色的官窑脱胎填白盖碗”。至于给下等人用的则是“有油腌膻气”的茶碗来泡茶。

现代人饮茶，也会因职业、性别、年龄、兴趣有别，饮茶习俗不一，会对选茶、配具、用水、择境，乃至对茶艺的要求等方面都会有所区别。如老年人讲求茶的韵味，要求茶叶香高、味浓，重在物质享受。因此，选用茶壶泡茶，以“摆龙门阵”的方式，边聊天、边饮茶。年轻人“以茶会友”，要求茶叶香清味醇，婀娜多姿。因此，多选用玻璃杯或白瓷杯泡茶，重在精神欣赏。男人喜欢用较大素净壶或杯斟茶；女人喜欢用小巧精致的杯泡茶，饮茶重幽香醇和。体力劳动者习惯于用碗或杯，大口急饮，饮的大多是大宗茶。而脑力劳动者，崇尚的则是富含文化的壶或杯，采用小口缓咽。饮茶既重茶的香气和滋味，又重茶的叶姿和汤色。总之，饮茶也要因人制宜。

**（三）随季节变化饮茶**

在中国，特别是长江流域一带，一些讲究饮茶的人们，有按季节饮茶的习惯。这是因为茶类不同，茶性是不一样的；而季节不同，人的生理需求也是不尽一致的。一般认为，红茶性温；绿茶性凉；乌龙茶处于红茶和绿茶之间，性平。采用以天然中草药为主的中药药理表明：热（温）性与凉性，与中药的色泽往往有很大的关系，而红茶的红色，绿茶的绿色，乌龙茶

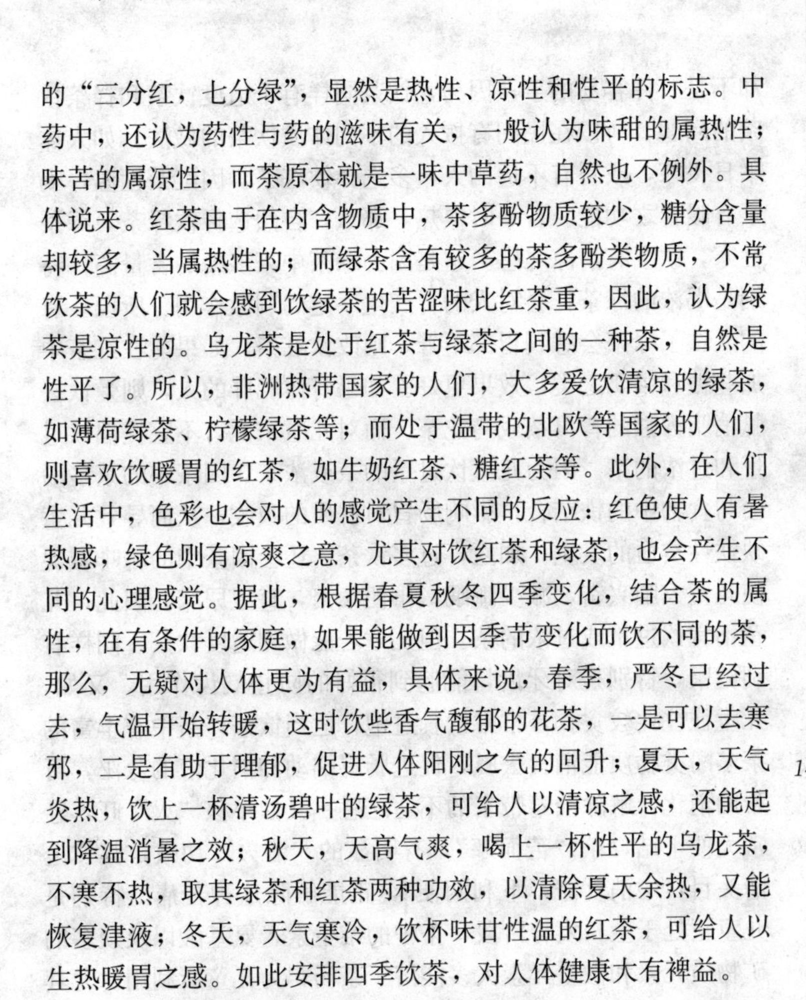

的“三分红，七分绿”，显然是热性、凉性和性平的标志。中药中，还认为药性与药的滋味有关，一般认为味甜的属热性；味苦的属凉性，而茶原本就是一味中草药，自然也不例外。具体说来。红茶由于在内含物质中，茶多酚物质较少，糖分含量却较多，当属热性的；而绿茶含有较多的茶多酚类物质，不常饮茶的人们就会感到饮绿茶的苦涩味比红茶重，因此，认为绿茶是凉性的。乌龙茶是处于红茶与绿茶之间的一种茶，自然是性平了。所以，非洲热带国家的人们，大多爱饮清凉的绿茶，如薄荷绿茶、柠檬绿茶等；而处于温带的北欧等国家的人们，则喜欢饮暖胃的红茶，如牛奶红茶、糖红茶等。此外，在人们生活中，色彩也会对人的感觉产生不同的反应：红色使人有暑热感，绿色则有凉爽之意，尤其对饮红茶和绿茶，也会产生不同的心理感觉。据此，根据春夏秋冬四季变化，结合茶的属性，在有条件的家庭，如果能做到因季节变化而饮不同的茶，那么，无疑对人体更为有益，具体来说，春季，严冬已经过去，气温开始转暖，这时饮些香气馥郁的花茶，一是可以去寒邪，二是有助于理郁，促进人体阳刚之气的回升；夏天，天气炎热，饮上一杯清汤碧叶的绿茶，可给人以清凉之感，还能起到降温消暑之效；秋天，天高气爽，喝上一杯性平的乌龙茶，不寒不热，取其绿茶和红茶两种功效，以清除夏天余热，又能恢复津液；冬天，天气寒冷，饮杯味甘性温的红茶，可给人以生热暖胃之感。如此安排四季饮茶，对人体健康大有裨益。

**（四）按体质不同饮茶**

古人认为，茶是养生之仙药，延年之妙术。所以，民间提倡多饮茶，少喝酒，不吸烟，所以，鲁迅先生认为有好茶饮，饮好茶，实是一种清福。而在日常生活中，茶是中国的国饮，几乎人人都在饮茶，个个都会喝茶，但要做到科学饮茶，

却不是一件容易的事，因为，饮茶同样有个适度饮茶和择茶饮茶的问题。所以在民间有按人的不同体质饮茶的做法。如人体平日畏寒，或胃有不适的人，多选择饮红茶，因红茶性温，喝了有暖胃之功能。若平时惧热，那么，自然选择饮绿茶，绿茶性寒，饮了有清凉之感。这是因为绿茶中茶多酚的含量高，特别是喝浓的绿茶，会对人的胃产生一定的刺激作用。所以，有的人饮了绿茶会感到胃部不舒，则改饮红茶，如果能在红茶中加些糖和牛奶之类，效果更好。如果身体肥胖的人，则爱饮去腻消脂力强的普洱茶或乌龙茶。而对儿童来说，不宜提倡饮过量和过浓的茶。因为儿童饮过量的茶或浓茶，因茶中的茶多酚会与食物中的铁结合，影响肠胃对铁质的吸收，从而导致儿童缺铁性贫血的发生。加之，过多饮茶，还会因茶中的咖啡碱促使儿童大脑兴奋，减少睡眠，小便频繁，直至尿床。因此，儿童不宜饮过量或过浓的茶。但儿童若能做到适度饮茶，同样有利健康，特别是对牙齿，能起到很好的防止龋齿作用。又如，儿童往往比较贪食，常常饮食过饱，适当饮茶，茶中有丰富的茶多酚类物质能消食去腻，促进肠胃蠕动和消化液的分泌，可帮助消化，解除油荤带来的不适之感。又如小孩“火”旺，经常大便干结，茶“苦而寒”，有明显的“清火”功效，其“上清头目，中消食滞，下利两便”，正能解除这种苦痛。特别是儿童正处于生长发育阶段，茶中的维生素、氨基酸以及众多的矿物质元素和微量元素大多能溶于茶汤，为儿童所利用。尤其是矿物质元素，对维持人体平衡具有重要的作用，有的还是构成人体骨架、牙齿、毛发、指甲不可缺少的。例如茶中的微量元素能调节儿童贪玩多汗而造成身体虚弱，锌能促进儿童生长发育，铁能提高造血功能，防止贫血。

中国人还认为，尽管饮茶是有益而无害的，特别是茶的营

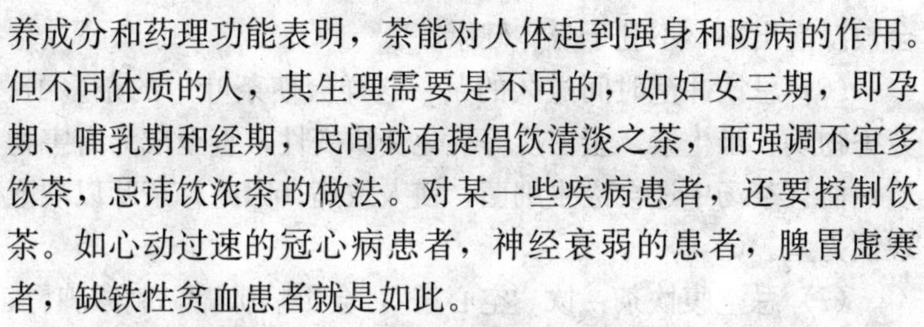

养成分和药理功能表明，茶能对人体起到强身和防病的作用。但不同体质的人，其生理需要是不同的，如妇女三期，即孕期、哺乳期和经期，民间就有提倡饮清淡之茶，而强调不宜多饮茶，忌讳饮浓茶的做法。对某一些疾病患者，还要控制饮茶。如心动过速的冠心病患者，神经衰弱的患者，脾胃虚寒者，缺铁性贫血患者就是如此。

另外，中国人还认为，饮茶不得法，还有损于人体健康。所以，在饮茶时，还得注意以下避忌。

（1）忌饮烫茶：它会对人的咽喉、食道、胃产生强烈刺激，直至引起病变。一般认为茶以热饮或温饮为好。茶汤的温度不宜超过60℃，以25～50℃为最好，在此范围内，可以根据各人习惯加以调节。

（2）忌饮冷茶：冷饮同样对人的口腔、咽喉、肠胃会产生副作用。另外，饮冷茶，特别是饮10℃以下的冷茶，对身体有滞寒、聚痰等不利影响。所以，烫饮不好，冷饮也不好，要提倡温饮。

（3）忌饭前大量饮茶：这是因为饭前大量饮茶，一则冲淡唾液，二则影响胃液分泌。这样，会使人饮食时感到无味，而且使食物的消化和吸收也受到影响。

（4）忌食后立即饮茶：饭后饮杯茶，有助于消食去脂。但不宜饭后立即饮茶。因为茶叶含有较多的茶多酚，它与食物中的铁质、蛋白质等会发生凝固作用，从而影响人体对铁质和蛋白质的吸收，使身体受到影响。

（5）忌饮冲泡次数过多的茶：一般说来，除少数特种茶外一杯茶，经3次冲泡后，90%以上可溶于水的营养成分和药效物质已被浸出。第四次冲泡时，基本上已无什么可利用的物质了。如果继续多次冲泡，那么，茶叶中的一些微量有害元素就

会被浸泡出来，不利于身体健康。

(6) 忌饮冲泡时间过久的茶：这样会使茶叶中的茶多酚、芳香物质、维生素、蛋白质等氧化变质变性，直至成为有害物质，而且茶汤中还会滋生细菌，使人致病。因此，茶叶以现泡现饮为上。

(7) 忌空腹饮茶：饮“空心茶”，会影响肺腑，刺激脾胃，进而使食欲不振，消化不良。长此以往，有碍身体健康。

(8) 忌饮浓茶：由于浓茶中的茶多酚、咖啡大碱的含量很高，刺激性过于强烈，会使人体的新陈代谢功能失调，甚至引起头痛、恶心、失眠、烦躁等不良症状。

## 二、饮茶追求不一

汉民族是中国的主体民族，占全国人口的94%左右，是全世界人口最多的民族，遍布全国各地。汉民族饮茶，方法多种多样，方式各不相同，要求也不尽相同，同样，追求也各有千秋。

### (一) 生活需要茶，茶是生活的必需品



20世纪30年代，林语堂先生在《我的祖国和人民》一书中指出：“中国人最爱品茶，在家中喝茶，上茶馆也是喝茶；开会时喝茶，打架讲理也要喝茶；早饭前喝茶，午饭后也要喝茶。有清茶一壶，便可随遇而安。”所以，中国人认为，人生在世，一日三餐茶饭是不可省的。在平时，中国人习惯于口干时，用杯茶润喉解渴；心烦时，用杯茶静心解闷；滞食时，用杯茶消食去腻；疲劳时，用杯茶舒筋消累；会友时，用杯茶联络情谊；写作时，用杯茶清醒引思……，总之，一句话，柴米油盐酱醋茶，中国人在日常生活中离不开茶。口渴了，固然需要饮茶；但待客时，用不上问话，就得用茶待客。其实，中国

人认为有杯茶在手，就能感受生活。所以，在生活中，中国人饮茶有很大的随意性。一般说来，以解渴为目的的饮茶，渴了就饮，有随意性。若在宴后饮茶，可以促进脂肪消化，解除酒精毒害，消除肠子胀饱不适和去除有害物质。有口臭和爱吃辛辣食品的人，若在与人交谈前，先喝一杯茶，可以消除口臭；嗜烟的人，倘能在抽烟时，适当喝点茶，可以减轻尼古丁对人体的毒害；如果在看电视时喝点茶既能帮助恢复视力，还能消除电视荧屏微弱辐射而对人体的危害。“茶能引思”，脑力劳动者边思考，边饮茶，可以保护清醒头脑，有利于提高工作效率。工人倘能在工间喝杯茶，可以消除疲劳，增强机体活力，提高工作效率。早晨起来，喝上一杯茶，可以帮助洗涤肠胃，醒脑提神，更好地全身心投入工作。因此，只要根据茶的品性，结合人们所处环境条件，做到科学饮茶，无疑，对工作，对身体都是大为有益的。

**（二）追求享受，注重饮茶情趣**

这种饮茶方式，乃是社会发展的产物，它既是对中国饮茶文化传统的继承，又包含了许多新文化和现代精神文明的新鲜内含，是一种多层次、多功能、多享受的饮茶习俗。最典型的例子，是20世纪80年代以来，各大、中小城市新开设的茶艺馆。这些茶艺馆，大多周边环境幽雅，楼馆建筑格调别致，室内陈设富含文化色彩，或琴棋书画，或田园风光，或古色古香，或花草满园，或富丽堂皇，或庭园流水，还有音乐相伴。身临其境，坐在茶馆里，未曾品茶，心已陶醉，使人流连忘返。加之，沏茶讲究茶、水、火、器“四合其美”，泡茶注重技艺“双全”，这样一来，饮茶也就会由品赏所替代。所以，上茶艺馆品茶，老人见了亲切，年轻了感觉“新鲜”，外国人把它看做是中国的“国粹”，这的确是一种精神的综合性文化

享受。特别是在节假日，约上三五知己，或一家人上茶艺馆休闲小憩，别有一番情趣在里头。如今，一些房子宽敞的家庭，还辟有一间茶室；也有的与书房合一，开辟成为书斋式的茶室，有朋自远方来，主人沏茶相待，谈事叙谊，不亦乐乎！

上茶艺馆品茶，或坐在自家书斋式的茶室品茶，主要追求的是一种格调、一种享受、一种情趣而已。

**（三）清饮雅赏，力求原汁原味**

在汉民族居住地区，由于饮茶注重清饮雅赏，追求真香实味。所以，饮茶多采用开水冲泡，一般不在茶汤中加糖、薄荷、柠檬、牛奶等调料，崇尚清饮法饮茶，认为清茶一杯，茶汤香真味实，原汁原味。如此饮茶，顺应“自然”，最能保持茶之“纯粹”，使人能真正体会到“茶的本色”，领略到茶的真趣。茶者，“草木之中的人也”，“天人合一”，原本就是茶的本性。中国人饮茶，创导的就是这种氛围。

汉民族饮茶，既不像欧洲人那样匆匆忙忙，一饮而尽；亦不像日本茶道那样，循规蹈矩，更趋于生活化和大众化，这就是汉民族的饮茶之道。而最能体现清饮雅赏，香真味实的就是品龙井和啜乌龙。



品龙井，首先要选择一个幽雅的品茗环境。在品饮时，还得讲究技和艺：当你捧起一杯微雾萦绕、清香四溢的龙井茶时，先得慢慢观赏杯中的茶姿和汤色的变化，细看杯中翠叶碧水，相互交映；一旗一枪，簇立其间，叫人感叹不已，尔后，慢慢提起茶杯，将杯送入鼻端，深深地吸一下雾中飘香的龙井茶的嫩香，使人清心舒神。如此看罢闻毕，然后小口品饮，细细尝味，清香、甘醇、鲜爽之味应运而生。如此清饮雅赏的结果，无疑是一种美的享受，艺术的欣赏。

又如啜乌龙，按中国人的饮茶习惯，追求的是这种茶的真

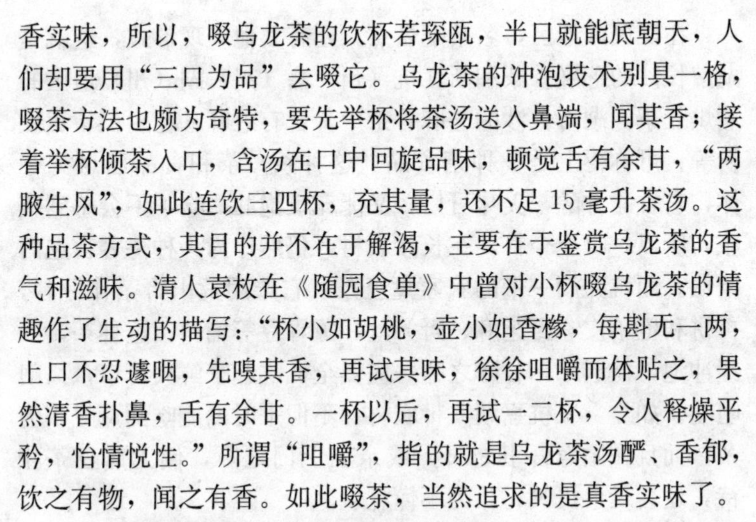

香实味，所以，啜乌龙茶的饮杯若琛瓯，半口就能底朝天，人们却要用“三口为品”去啜它。乌龙茶的冲泡技术别具一格，啜茶方法也颇为奇特，要先举杯将茶汤送入鼻端，闻其香；接着举杯倾茶入口，含汤在口中回旋品味，顿觉舌有余甘，“两腋生风”，如此连饮三四杯，充其量，还不足15毫升茶汤。这种品茶方式，其目的并不在于解渴，主要在于鉴赏乌龙茶的香气和滋味。清人袁枚在《随园食单》中曾对小杯啜乌龙茶的情趣作了生动的描写：“杯小如胡桃，壶小如香橼，每斟无一两，上口不忍遽咽，先嗅其香，再试其味，徐徐咀嚼而体贴之，果然清香扑鼻，舌有余甘。一杯以后，再试一二杯，令人释燥平矜，怡情悦性。”所谓“咀嚼”，指的就是乌龙茶汤酽、香郁，饮之有物，闻之有香。如此啜茶，当然追求的是真香实味了。

**（四）名茶配名点，总能相得益彰**

品名茶，尝名点，在汉民族中，这种饮茶习俗，由来已久，至今仍随处可见，不但在茶艺馆中品茶如此；就平日在家中饮茶，也时有可见；而且由此还演变成一种茶餐，广东人的早茶，就是这类饮茶习俗的典型代表。早晨起来，人们在匆忙上班之前，上个茶楼，选个好坐去处，要上一盅茶，三两件点心，如此，“一盅两件”，既润喉，又充饥。在工作节奏日益加快的今天，这样茶餐式的饮食方式，自然受到人民大众的欢迎。如今，这种饮早茶的习俗，除南方广东外，已流行到中国的其他大中城市，成了各地普通市民的一种生活追求。有鉴于此，自20世纪80年代以来，在不少新开设的茶艺馆中，顺应时代发展需要，开成茶餐饮式的茶艺馆，在饮茶时，不仅在中、晚餐时，提供餐饮，而且提早开门供应早餐茶饮，为上班族开辟了一处提供早餐的好去处，它既省心，又省时，还富有营养与保健的作用，怎不叫人称赞！

在汉民族地区，名茶配名点，还有其他表现形式，这就是湖南长沙的芝麻香茶和浙江杭（州）嘉（兴）湖（州）地区的薰烘豆茶。湖南长沙的芝麻香茶中，含有芝麻、花生仁、黄豆粉等，可称得上是一种茶食品。这种茶，茶和食品已融为一体，它香甜甘醇，美味可口，又能充饥饱肚，吃了不会感到腹胀，所以，时至今日，在长沙农村，仍然作为一种待客首选的茶饮。而杭嘉湖一带的农家薰豆茶，它选用荒山野茶作原料，再拼和橙子皮、野芝麻、野笋丝、薰青豆等辅料。这种茶，一经冲泡，饮起来，甘醇之味一应俱全，吃起来鲜爽可口，又耐咀嚼。如今，在杭嘉湖一带农村，不但平时以能吃到薰豆茶为荣；而且在婚嫁喜事之日，或亲朋上门之际，倘无薰豆茶相待，还会受人讥笑，认为不懂礼貌。

**（五）用茶作药，古风依存**

在中国，茶最早是作为药用开发的，在中国的古代医药学中，记载着茶具有多种药效。宋代著名诗人苏东坡诗云："何须魏帝一丸药，且尽卢仝七碗茶。"他是指茶是一种奇妙的药品。以后，茶虽逐渐由药用、食用发展成为饮料，但它防病治病，为人体健康所作出的贡献并未因此而逊色。如今，随着现代科学技术的发展，在中国人的心目中，茶不仅是一种营养型和风味型的食品，而且也是一种生活调节型和保健型的食品，特别是饮茶对以下疾病具有一定的预防和治疗效果。

1. 杀菌抗病毒　这主要是茶中的儿茶素对许多有害细菌具有杀菌和抑菌作用。所以，在中国的一些深山冷岙，交通不便的山村，民间还有用煎浓茶汁喝治痢疾的做法。

2. 防龋齿　这是因为茶树是一种富集氟素的植物，而饮茶所摄入的氟素，可以达到预防龋齿所发生的病根。所以，在中国，一些有经验的家长，早晨起床后，叫儿童用茶水漱口或刷牙，可以起到大大降低龋齿对儿童的危害。

3. 降血压、预防冠心病　茶是一味重要的治疗高血压和冠心病的中药方剂。民间的实践也证明，常饮茶的人，其高血压和冠心病的发病率要比不饮茶的人大大降低。

4. 降血脂、防治动脉粥样硬化　因茶叶中含有儿茶素，具有降低胆固醇的作用。在中国的西南地区，高血压患者，认为喝沱茶具有明显的降脂效果。民间历来认为饮茶不但能降脂减肥，而且还能防治动脉粥样硬化。如今，这种说法，已为实验所证实。

5. 抗癌、抗辐射　茶的提取物和有效成分，对活体的各种癌症，能起到有效的预防和抑制作用，这已为许多医药实验所证实，而且在中国民间，还有饮茶抗突变，升高白血球的说法。所以，与射线接触较多的人饮茶，有助于减轻因射线照射而引起白血球下降而带来的不利。因此，认为茶是电视食品，因为它能消除电视荧光屏微弱辐射而造成对人体的危害。

6. 降血糖、防治糖尿病　在中国许多传统医学的处方中，都有以茶为主要原料为配方，用来防治血糖升高。时至今日，在民间仍有用绿茶罗汉果汤、绿茶石斛汤、绿茶玉米须汤去降血糖和防治糖尿病的做法。

此外，在中国民间，还认为饮茶有助消化，防积食，以及明目、利尿、抗衰老等多种作用。茶，乃是上天赐予民间的一副天然良药。用茶作药，在中国已承传了数千年的历史。

**（六）用茶作礼，以示敬意**

在中国，无论是汉民族居住区，或是少数民族地区，凡有客进门，决不问你是否需要饮茶，主人总会奉上一杯热气腾腾的茶，用双手恭恭敬敬地奉上，以表示欢迎。茶在中国人心中，奉茶敬客，被看做是一种传统的礼俗。在生活中，几乎在

所有场合，都离不开茶，不但探亲访友、谈心叙事需要奉茶，就是一些重要场合，如接待贵宾，主宾会谈，重要会议，春节团拜，直至许多高层次的重要活动等，在主宾席上，均会摆上一杯茶，以示高规格、重礼仪。而在这种情况下，主客双方，饮茶是随意的，但却是一种不可缺少的举措，因为在中国人的心目中，这是一种礼仪之举。所以，几乎在所有场合，奉茶是中国人的一种重情好客之举。在这种情况，奉茶仅仅是一种点缀而已，在于亲近之感也。所以，奉茶固然要讲究茶的质量，注意冲泡技艺，更要把它作为一种礼仪，通过奉茶，在体现出人的文明与礼貌的同时，还要做到窗明几净，环境幽雅，整洁有序。使奉茶成为拉近人们之间感情的桥梁。

## 第二节　汉族饮茶例说

现将在中国汉民族居住地中，一些富有代表性的饮茶方式、方法，简要介绍如下。



### 一、含口缓咽品龙井

在江、浙、沪的一些大、中城市，最喜爱品龙井茶。龙井茶主产于浙江杭州的西湖山区。“龙井”一词，既是茶名，又是茶树种名，还是村名、井名和寺名，可谓“五龙合一”。西湖龙井茶，向以“色翠、香郁、味醇、形美”著称，“淡而远”、“香而清”。历代诗人以“黄金芽”、“无双品”等美好词句来表达人们对龙井茶的酷爱。

品饮龙井茶，除要茶美外，还要做到：一要境恰，自然环境、装饰环境和茶的品饮环境相恰；二要水净，指泡茶用水要清澈洁净，以山泉水为上，用虎跑水泡龙井茶，更是杭州一

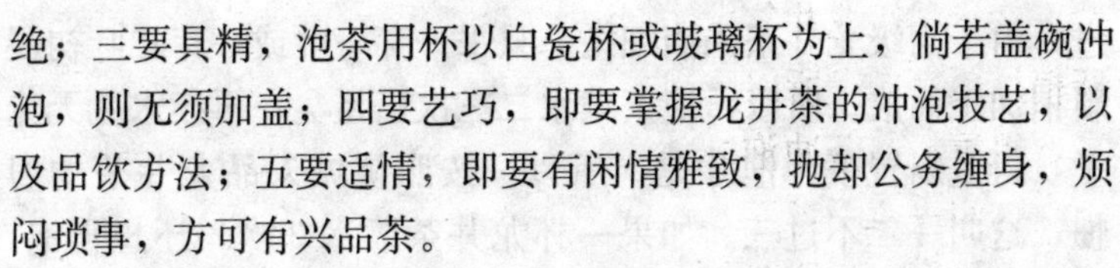



绝；三要具精，泡茶用杯以白瓷杯或玻璃杯为上，倘若盖碗冲泡，则无须加盖；四要艺巧，即要掌握龙井茶的冲泡技艺，以及品饮方法；五要适情，即要有闲情雅致，抛却公务缠身，烦闷琐事，方可有兴品茶。

一般说来，冲泡龙井茶的开水，习惯以80℃左右为宜。茶和水的比例，大致掌握在一克茶冲50～60毫升水。通常一个可盛200毫升水的杯子，放置3克左右的龙井茶就可以了。冲泡时，先用少量开水，高冲入杯，以湿润茶叶，使茶舒展，内含物容易浸出，这叫做浸润泡；大约过10～15秒钟，再冲水至七分满，这叫正泡。杯子上部留下三分空间，表示的一种情意，这叫"七分茶，三分情"。同时，也符合民间的"浅茶满酒"之说，因为东南沿海一带，在历史上，向有"酒满敬人，茶满欺人"说法。

在沪、杭一带，"龙井茶，虎跑水"有口皆碑。"龙井"问茶，"虎跑"品茗，更是盛事。所以，品龙井茶，无疑是一种美的享受。品龙井茶时，先应慢慢提起杯子，举杯细看翠叶碧水，察看多变的叶姿，尔后，将杯送入鼻端，深深地嗅闻龙井茶的嫩香，使人舒心清神。看罢、闻罢，然后缓缓品味，清香、甘醇、鲜爽应运而生。此情此景，正如清代陆次云所说："龙井茶真者，甘香如兰，幽而不冽，啜之淡然，似乎无味。饮过之后，觉有一种太和之气，弥沦于齿颊之间，此无味之味，乃至味也。"这就是对品龙井茶的动人写照。

如今，杭城大街小巷，西湖名胜景点，茶艺馆已遍布林立，特别是湖边景点甚多，人文历史丰富；又加揽山水之胜地，若能品茗其间，更是趣味横生，别有一番情意。不过，今人品龙井茶，与古人相比，虽然多采用清饮，但清饮龙井茶时，也有奉茶点的。茶点以清淡，或略带咸味的食品为佳。不

过，由于高级龙井茶采摘细嫩，只采一芽一叶或一芽二叶初展新梢加工而成。所以，泡茶续水二三次已足矣，再续水就无味了，得重新置茶冲泡才是。所以，按照杭城人品龙井茶的习惯，这叫一二不过三。如果一杯龙井茶续水3次，还想再泡，习惯上则需重新置茶，再次冲泡。否则有失礼仪，似有叫客人饮白开水之嫌！

## 二、小杯细啜工夫茶

广东、福建、台湾等地，习惯用小杯啜乌龙茶。乌龙茶，在广东潮汕地区和闽南一带，又叫功夫茶或工夫茶。所以，啜乌龙茶，又称为啜工夫茶。何谓工夫茶，有两种说法：一是认为工夫茶是广东潮州、汕头一带人们品茶的一种风俗。《辞源》称："工夫茶：广东潮州地方品茶的一种风尚。其烹治方法本于唐陆羽《茶经》。器具精致……见清俞蛟《潮嘉风月记》，也作功夫茶。"二是如清代蔡伯龙《官话汇解便览》所称，是指好茶而言的。清陆廷灿《续茶经》也称："武夷茶在山上者为岩茶……其最佳者曰工夫茶。"清代梁章钜《归田琐记》说，武夷名种茶"山以下不可多得，即泉州、厦门人所讲工夫茶"。说工夫茶是指武夷岩茶中的上品而言，是清时由福建泉州、厦门人给叫出来的。上述两种说法，都说出自清初。作为茶艺，两地啜工夫茶都具有器具精巧，技艺精致，物料精绝，礼仪周全的特点。目前，全国不少大、中城市，也开始对啜工夫茶感兴趣。不过，啜工夫茶最为讲究的要数广东的潮汕地区，不但冲泡讲究，而且颇费工夫。台湾人啜工夫茶虽出闽、粤，但已加进了新的内容，使饮茶更有情趣。实践表明，要真正品尝到啜工夫茶的妙趣，升华到艺术享受的境界，需具备多种条件。主要取决于三个基本前提，即上乘的工夫茶，精巧的工夫茶具，以及富含文化的瀹饮法。下面，以广东潮汕地区啜工夫茶为例。结合闽南和台湾啜工夫茶的风俗，简述如下。

首先，要根据饮茶者的品味，选好优质的乌龙茶，如凤凰单枞、武夷岩茶、冻顶乌龙等。其次，泡茶用水应选择甘洌的山泉水，而且强调现烧现冲。接着，是要备好茶具，比较讲究的，从火炉、火炭、风扇，直到茶洗、茶壶、茶杯、冲罐，等等，备有大小十余件。人们对啜乌龙茶的茶具，雅称为“烹茶四宝”：即潮汕风炉、玉书碨、孟臣罐、若琛瓯。通常以3个为多，这叫“茶三酒四”，专供啜茶用。一般啜工夫茶世家，也是收藏工夫茶具的世家，总会珍藏有好几套工夫茶具。

冲泡乌龙茶时，先要用沸水把备好的茶具，淋洗一遍，然后，按需将工夫茶倒入白纸，轻轻抖动，把茶粗细分开。将细末填入壶底，其上盖以粗条茶，以免填塞茶壶内口。冲泡时，要提高水壶，再缓慢冲水入壶，俗称“高冲”。并将沸水满过茶叶，溢出壶口，尔后用盖刮去茶汤表面浮沫。也有将头遍茶冲泡后的茶汤立即倒掉，这叫“洗茶”。其实，刮沫和洗茶，目的是一样，都是有洗茶的作用。工夫茶冲泡后，应立即加盖，其上再淋一次沸水，以提高壶中茶水温度，这叫“内外夹攻”。约1～2分钟后，注汤入杯，这叫“斟茶”。但斟茶宜低，这叫“低斟”。为了使几个杯中茶水浓度均匀一致，斟茶时要来回往复注茶汤入杯，这叫“关公巡城”。若一壶茶汤，正好斟完，这叫“恰到好处”。讲究点，还要将茶壶中的最后几滴茶汤，分别一滴一滴地将它注入各个杯中，使各杯茶汤浓度不致有浓淡之分，这叫“韩信点兵”。

一旦茶叶冲泡完毕，主人示意啜茶，啜茶时，一般用右手食指和拇指夹住茶杯口沿，中指抵住杯子圈足，这叫“三龙（手指）护鼎”。品茶时，要先看汤色，这叫眼品；再闻其香，

这叫鼻品；尔后啜饮，这叫口品。如此三品啜茶，不但满口生香，而且韵味十足，才能使人领悟到啜工夫茶的妙处。

按广东潮汕地区啜工夫茶的风习，凡有客进门，主人必然会拿出珍藏的茶具，选上最好的工夫茶，或在客厅，或在室外树阴下，主人亲自泡茶，品茗叙谊。如果客人也深通工夫茶理，这叫“茶逢知己，味苦心甘”。酽酽工夫茶，浓浓人情味。说话投机，足足可以坐上半天，也不厌多。另外，按潮汕人喝茶的习惯，认为啜工夫茶，可随遇而安。因在当地人不分男女老少，地不分东南西北，啜工夫茶已成为一种风俗。所以，啜工夫茶无须固定位置，也无须固定格局，或在客厅、或在田野、或在水滨、或在路旁、或在航舟中，都可随着周围环境变化的随意性，茶人在色彩纷呈的生活面前，使啜茶变得更有主动性，变得更有乐处。“一壶好茶，一片浓情”。他（她）们还认为，啜乌龙茶最大的乐处，是在乌龙茶冲泡程序的艺术构思，其中概括出的形象语言和动作，已为啜茶者未曾品尝，已经倾倒，这种“意境美”，已或多或少地替代了茶人对“环境美”的要求。当然，有好的啜茶环境也是求之不得的，只是当地并没有刻意追求罢了。



闽南人啜工夫茶的习惯和方式，与广东潮汕地区相差不大。台湾人啜工夫茶的方法，与潮汕人啜工夫茶大致相同，但有些操作程序不尽相同，如将工夫茶泡好后，在斟入杯前，先把茶汤倾入到一个公道杯中，尔后斟茶入筒状的闻香小杯中，再分别注入对应的茶杯品啜。它以公道杯为载体，将茶汤浓度达到一致；而闻香杯，顾名思义，当然是闻香的专门茶器了。用闻香杯闻香时，习惯于将两手手掌相对摊开，用手掌不断滚动闻香杯，以手掌的热量，催促闻香杯中的香气散发出来，灌进鼻腔，愉悦胸腔，从中获得美感。所以，这种啜工夫茶的方

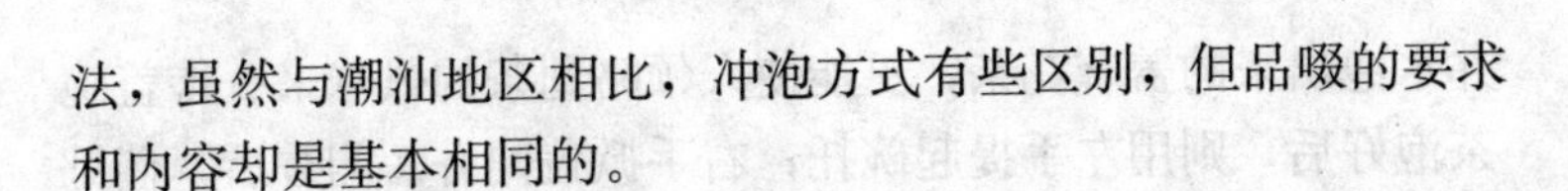


法，虽然与潮汕地区相比，冲泡方式有些区别，但品啜的要求和内容却是基本相同的。

## 三、技艺双全盖碗茶

喝盖碗茶的习俗，在中国汉民族居住地都可见到，但用得最普遍的要数西南地区的四川和重庆，西北地区的宁夏和甘肃。而最有代表性的则要数四川成都人的喝盖碗茶。人称：中国茶馆数四川，成都茶馆甲四川。据清宣统《成都通鉴》载：1909年成都有街巷514条，却有茶馆454家，可以说茶馆遍布成都大街小巷。如今据不完全统计，成都有茶馆3 500家左右，而每家茶馆几乎是清一色的用盖碗泡茶，即使成都市民在家饮茶，也习惯用盖碗作饮杯泡茶，所以，喝盖碗茶，几乎成了成都市民生活中的一条靓丽的风景线。

成都人所说的喝盖碗茶，其实就是用盖碗泡的茶。用盖碗泡茶，碗盖盖着，可以保温；启盖后，可以凉茶；撮住盖钮，还可推去茶汤表面的悬浮叶片，搅匀茶汤浓度。而提起碗托喝茶，可以不烫手；将茶碗放在桌上，有茶托保护，不会灼伤桌面。用盖碗饮茶，既是一种传统的饮茶方法，又不失当代的风雅情趣。因此，这种饮茶方法，长期以来，受到成都人的欢迎。

成都人饮盖碗茶，通常先用温水将“三件套”一一洗干净，称为净具。尔后，视茶碗大小，通常放上2～3克香茶，其中尤以茉莉花茶最为普遍。接着就是沏水，成都人沏茶用水，大都出自锦江。“锦江春色来天地”。早年，用锦江九眼桥下以唐代女诗人薛涛命名的薛涛井水泡茶，沏出来的盖碗茶格外清香。清人有一首竹枝词：“同庆桥旁薛涛水，美人千古水流香；茶坊酒肆争先汲，翠竹清风送夕阳。”称颂用锦江薛涛

井水泡出来的盖碗花茶，更能使人领略到茶的风味来。待盖碗茶泡好后，则用左手提起碗托，右手掀盖闻香。闻香后，倘见茶汤表面浮有茶片，则用碗盖由里向外刮去，随即倾碗将茶汤徐徐送入口中，清香鲜爽便会应运而生。

四川和重庆一带，古称巴蜀，是茶的原产地，也是中国最早饮茶的发祥地，源远流长，以致形成了独具地方特色的茶文化。在茶馆、在庭院、在家居，成都人多用四方小木桌，大背靠竹椅去品尝盖碗茶。喝盖碗茶的另一特色是从茶具配置到服务格调，都有讲究，最为叫人称绝的是盖碗茶的冲泡技艺。冲泡盖碗茶，用的是铜茶壶、锡碗托、青花瓷或彩瓷带盖的茶碗，用这种风格冲泡出来的盖碗茶，人称正宗巴蜀风味，它为当地人称赞，外地人叫绝。旧时，成都锦春楼茶馆茶博士周麻子，他的泡盖碗茶技艺最使人称绝。通常，周麻子大步流星出场，右手握一把紫铜茶壶，左手一扬，“哗”的一声，一串茶托飞出，几经旋转，不多不少一人前面一个。接着，每个茶托上面已放好一个茶碗，动作之神速，使人眼花缭乱。至于各人点的什么茶，一一放入茶碗，绝不会出错。尔后，茶博士在离桌1米外站定，挺直手臂茶壶“刷刷刷”，犹如蜻蜓点水，一点一碗，却无半点水冒出碗外。为确保服务质量，周麻子还口中念念有词：“请各位客官放心，倘出半点差错，我今生今世不再卖茶。”话音落地，他又抢先一步，用小拇指把碗盖一挑，一个一个碗盖像活了似的跳了起来，把茶碗盖得严严实实。如此一来，盖碗茶就大功告成。所以，尝盖碗茶，使品尝者不但可以领略茶的风味，而且还是一种艺术的享受，这就叫做“人醉茶，茶醉人”。纵然未曾品尝，品饮者也已达到“茶不醉人人自醉”的境地。成都人喝盖碗茶还有一个特色，就是喜欢坐在茶馆里，一边喝茶，一边看川剧。1912年，由一批著名的川剧茶人组建的“悦来茶园”，就是当年最负盛名的川剧茶馆。

如今，随着城市的现代化改造，那些地域文化浓郁的老茶馆，已大都为新型的现代茶馆所替代，但喝盖碗茶的风习，依然不改。

## 四、“一盅两件”吃早茶

在中国南方，有吃早茶的风俗，尤其是岭南，吃早茶的风气更盛。吃早茶，既能充饥补营养，又能补水解渴生津。目前中国的一些大中城市都有供应早茶的，而最具代表性的，则是羊城广州和香港、澳门特区的早茶。

早茶具有茶饮、茶食和茶文化的共性：说它是茶饮，就是保留着饮茶的基本内容；说它是吃茶，就在于它在饮茶同时，还结合佐点食品；说它是吃早茶，就是那里的人们，特别注重早晨上茶楼吃茶。而茶楼的建筑布局、室内装饰以及娴熟的沏茶技艺，又都饱含着茶文化的丰富内涵。因此，上茶楼吃早茶，总能使人感到生活色彩的斑斓和生活情趣的幽雅。所以，人们无论在早晨上工前，还是在工余后，抑或是商务洽谈、朋友聚会，总爱去茶楼。泡上一盅茶，要上几件点心，边品茶，边尝点，润喉充饥，妙趣横生。其实，广州人吃茶，大都一日有早、中、晚三次，但特别喜欢吃早茶，早茶风气最盛。

广州人上茶楼吃早茶的习俗，至少有百年以上历史。据考证，广州茶楼的前身是“二厘馆”，在清代咸丰、同治年间，二厘馆在广州城乡已很普遍，每位茶客只要交出二厘钱，就可喝到清茶，吃到松糕、大包之类食品。这种经济实惠的吃茶方式，自然受到劳苦大众的欢迎。清末，广州开始建起金碧辉煌的“三元楼茶楼”，继而又有陶陶居、陆羽居、天然居等茶楼问世。这些茶楼与原先的茶馆相比，建筑上别具一格，食谱上

异彩缤纷，以致形成了广州茶楼的明显的地方特色，即楼层高，便于通风送爽；座位舒适，环境布置清雅；茶好水滚，能品尝茶的真香实味。而最具广州饮茶风味的要算数以百计的精美点心。广州茶楼的点心，小巧雅致，滋味鲜爽，融南北之精华，中西之所长。所以，去广州的人几乎很少有人不上茶楼吃早茶的。如清代，康有为在广州讲学时到陶陶居品茶，并题写“陶陶居”三字。在20世纪30年代，毛泽东与柳亚子先生曾在广州上过茶楼，事隔多年后，于1941年11月，柳亚子赋诗寄呈毛泽东，说“粤海难忘共品茶。”1949年4月，毛泽东和诗柳亚子，曰：“饮茶粤海未能忘。”为后人留下了千秋佳话。民国时期，鲁迅先生在广州中山大学讲学期间，与许寿裳、许广平常到茶楼品茗尝点，说广州茶楼的茶清香可口，一杯在手，可以和朋友作半日谈。20世纪60年代，郭沫若到广州北园茶楼，即席题诗，说：“声味色香都具备，得来真个费工夫。”

如今，随着社会的发展，人们生活的提高，广州不仅茶楼星罗棋布，而且广州上茶楼吃茶，特别是吃早茶的习惯更加兴盛。上茶楼吃茶成了广州人社会活动的重要载体，也是生活中不可缺少的重要组成。



广州人除了吃早茶，还有吃午茶、吃晚茶的。总之，上茶楼吃茶，这种方式，在广州乃至整个华南地区，已被看做是充实生活和社交联谊的一种手段。

**五、趁热畅饮大碗茶**

喝大碗茶的习俗，主要流行于中国的北方，在车船码头、道路两旁，直至车间工地、家居农舍，随处可见。尤其是北京的大碗茶，更为出名。据金受申的《老北京的生活》记载：旧时，北京人喝茶，“茶具不厌其大，壶盛十斗，碗可盛饭，煮水必令大沸，提壶浇地听其声有‘噗’音，方认为是开水，茶叶则求其有色、味苦，稍进焉者，不过求其有鲜茉莉花而已。”表明大碗茶是因用大号碗装茶而得名的，而对茶品，则以普通大宗茶就可以了，有茉莉花的茶片，就已经是算上等的了。对于这种茶的冲泡，当然要用现沸的开水去冲泡。对如何冲泡大碗茶，金氏也有详细的记述：“至于沏茶功夫，以极沸之水烹茶犹恐不及，必高举水壶直注茶叶，谓不如是则茶叶不开。既而酌入碗中，视其色淡如也，又必倾入壶中，谓之‘砸一砸’。更有专饮‘高碎’、‘高末’者流，即喝不起茶叶，喝生碎茶叶和茶叶末。”由此可见，大碗茶者，它通常用大桶装水，大壶泡茶，大碗畅饮，特别是在天气严寒的北方，如此趁热拿来，趁热饮下，提神解疲劳。这种大碗清茶的喝茶方式，虽然比较粗犷，甚至有点野意，但它随意，价廉物美，自然受到人民大众的欢迎。在山东的商河、临邑、临清、惠民等地广大农村，当地农民，身高体壮，性情亦豪放，男女皆有豪饮大碗茶的习惯。他们一日三壶茶，一人一把壶，饮茶用大碗。当地自称：“情愿舍牛头，不舍‘二货头’。”二货头，指的是一壶茶中，第二次续水的茶，说这种茶滋味正浓，茶味最好，即使旧时作为农民生活“命根子”的牛，也无法相抵，表明鲁北农民对喝大碗茶的钟情之感。

喝大碗茶的场所，一般比较简单，无须楼堂、馆所，摆设也比较简便，往往是一张方桌，几根条凳，一把大茶壶，两只大木桶，几只粗瓷大碗。因此，通常在门前屋檐下，或搭个简易棚，以茶摊形式出现，主要为过往客人去寒解渴提供方便。正是由于大碗茶方便随意，贴近民众生活，所以，时至今日，仍然为人民所乐道，为人民所钟爱，大碗茶仍不失为一种重要的饮茶方式。特别是对那些匆匆过路，无心休闲的人来说，更

是如此。

## 六、止渴生津喝凉茶

喝凉茶的习俗，多见于南方，在两广（广东、广西）及海南等地最为常见。在中国南方地区，凡过往行人较为集中的地方，如公园门前，半路凉亭、车船码头、街头巷尾，直至车间工地、田间劳作等地，都有凉茶出售和供应。茶者，本性寒，具有清凉、止渴、生津之功效。在南方湿热之地，喝一杯凉茶，当在情理之中。不过，南方人喝的凉茶，除了清茶外，还会在茶中掺入一些具有清热解毒作用的其他清凉饮料植物，如野菊花、金银花、薄荷、生姜、橘皮之类，还有冬青科的岗梅根、苦丁茶，海金科的金沙藤，蝶形科的金钱草，梧桐科的山芝麻等，使茶的清热解毒功能，得到充分的互补和发挥。所以，凉茶严格说来，很有点药茶的味道，除有消暑解毒的作用外，还有预防疾病的功效。不过严格说来，药茶有两种：一种是含有茶的凉茶，一种是不含茶的凉茶。



凉茶，主要是为了适应岭南天气湿热，人们易患燥热、风寒、感冒诸症而配制成的一种保健茶，特别是在夏天，卖凉茶成了华南地区的一道景观。凉茶始于何时，不得而知。不过清代钦差大臣林则徐当年微服入粤，查禁鸦片，时值暑天，因劳累中暑，一病不起。后知广州王泽邦（小名：阿吉）以治感冒出名，为此前去求医。才知阿吉开出凉茶一帖，药到病除，自此以后，“王老吉凉茶”成了广州凉茶中的名牌。这样说来，凉茶至少已有近 200 年的历史了。

制作凉茶的茶叶，一般都用比较粗老的茶叶煎制而成。凉茶的供应点，一般分为两种，一种是固定式的，但也并非楼馆，类似于茶摊。另一种是流动式的，上放着各种已经配制好的凉茶，盛在大茶壶内，人们可以依照凉茶的性质，随便挑选。特别是在暑天，人们在匆忙劳作或赶路之际，大汗淋漓，喉干口燥，此时，若在凉茶点上歇脚小憩，喝上一杯凉茶，就会感到心旷神怡，暑气全消，精神为之一振。南方的半路凉亭，往往是免费供应凉茶之地。有些凉亭还刻着茶联，劝君喝茶小憩，以示关怀。在此摘录几首，与读者共享："为名忙，为利忙，忙里偷闲，且喝一杯茶去；劳心苦，劳力苦，苦中作乐，再倒一碗茶来。""山好好，水好好，开门一笑无烦恼；来匆匆，去匆匆，饮茶几杯各西东。"如此喝着凉茶，品味茶联，心态平和，自有清凉在心头。

南方的凉茶，其实它的喝茶方式，几乎和北方的大碗茶大同小异，有许多互同之处，如只要一张木方桌、两个木茶桶、一个竹茶勺，几把竹椅子，便可随遇而安。惟有一南（方）一北（方），一冷（茶）一热（茶），一（茶）杯一（茶）碗，有此差别而已。

## 七、精心细泡九道茶

汉民族饮茶，古代重于品，讲究意境，着重程式，追求情趣。近代随着人们生活节奏的加快，既有要求快速、简便的，重在物质的；也有刻意美感，重在精神的，特别是一些文化人，更是如此。在这方面，以云南昆明地区的九道茶，最具代表性。

九道茶，多见诸于昆明地区城镇书香门第的家庭，他们接待嘉宾时，不但要求品茗环境的整洁和美观，墙上有书画，四周有鲜花；而且还讲究佳茗美泉，将准备的各种名茶，任君挑选；同时，更需要沏茶有道，泡茶有艺，做到茶、水、火、器"四合其美"，一点马虎不得。

冲泡九道茶时按照当地人的习惯，一旦有客从远方来，主人便会立即迎宾入坐，少加寒暄，主妇便会立即选茶备器，准备冲沏九道茶。九道茶冲泡程序较为繁复，重在技艺和意境。首先，主妇会选上几种名茶，由主人或主妇作简要介绍，说说名茶的产地和品质特点，对特殊的名茶，也许会介绍一下有关典故。习惯的做法是客从主便。如果主客间是多年至交，那么，也可以按需点茶。待定好茶后，主妇就会当着客人的面，用温开水冲洗洁净茶器。冲泡九道茶的茶器，一般为紫砂壶和几只茶杯，茶壶多为紫砂壶，茶杯按客人多少，数量不等。这样泡出来的茶汤，势必是几人共享一壶茶，如此一来，备感亲切，意在融洽气氛。而用温水净器的结果，不但达到清洁消毒的目的，而且提高了茶器的温度，以免因冲泡时温度的骤变，而带来对茶汤质量的影响。洁器后，主妇会立即投客人选好的茶，除客人事先声明，要不，主妇就会按常规投入适量茶叶于紫砂壶中。第四道程序就是冲泡。泡茶用水，通常选用的是山泉水或其他佳水，烧水时注重掌握火候，讲究以初沸水冲泡，认为用这种水泡茶，香正味醇，最为精当。冲泡时，茶壶的冲水量，一般以冲到茶壶容量的六七分满为止。冲茶后的一道程序便是加盖，就是盖好壶盖，让茶汁慢慢浸出溶解于茶汤中，一般加盖 5 分钟后，这时的茶汤，既有鲜醇，又有刺激味时，称之为“恰到好处”时，就要进行匀茶。匀茶，就是再次向茶壶续水，将泡茶冲水时留下的三四分空间，加水至满茶壶口沿。匀茶时冲水要从高处落下，让茶壶中的茶汤，通过高冲，使茶水上下翻滚和左右旋转，使壶中茶水达到浓淡一致。匀茶后就是敬茶。敬茶时，通常将几个小茶杯一字排开，先从左到右，再从右到左，分两次斟茶，使茶汤容量达到茶杯的七八分满即可，并要求各杯茶之间的茶水容量一致，这叫做来的都是客，对客人不分大小“一视同仁”。斟好茶后还要敬茶。敬茶可由主人亲自奉茶，也可由小辈敬茶，但要先长后幼，依次有序地进行。最后一道程式，就是呷茶。呷茶一般是先闻香，后尝味，呷茶之乐，留在口里，享受在心田里。因为呷这种茶，费时，讲技，多程式，当地人称之“九道茶”，就是享受这种茶，需有九道程式，即选茶、温器、投茶、冲茶、瀹茶、匀茶、斟茶、敬茶和呷茶。严格说来，九道茶当为文士茶之列，可谓是古代文人品茶的遗风。

### 八、桃花源里喝擂茶

桃花源擂茶，又名三生汤，是用生叶（指从茶树上采下的新鲜茶叶）、生姜和生米仁等三种生原料，经混合研碎加水后，烹煮而成的汤，故而得名。擂茶，既是充饥解渴的食物，又是祛邪去寒的良药。相传三国时，蜀将张飞带兵进攻武陵壶头山（今湖南省常德境内）乌头村（今桃花源）时，正值炎夏酷暑，当地正在蔓延瘟疫，张飞部下数百名将士病倒，连张飞本人也不能幸免。正在危难之际，乌头村中一位草医郎中有感于张飞部属纪律严明，秋毫无犯，非常感动，便献出祖传除瘟秘方——擂茶。张飞见状，便问道：“老人家，这是何药？”老人答道：“此谓擂茶，又名三生汤，是本家祖传秘方。”张飞连忙作揖道谢，并吩咐将士都来喝擂茶。结果，茶（药）到病除。其实，茶能提神祛邪，清火明目；姜能理脾解表，去湿发汗；米仁能健脾润肺，和胃止炎，所以，说擂茶是一帖治病良药，是有一定科学道理的。

如今，在湖南中、西部一带，都有吃擂茶的茶俗，特别是湖南沅江流域一带，更是如此。尤其是当有客人进门，好客的主人便会用擂茶来招待客人。此外，在渝西、鄂西南、黔东

北、赣南等地也有喝擂茶的习俗。但随着时间的推移，与古代相比，现今擂茶，在原料的选配上已发生了较大的变化。如今制作擂茶，通常用的除茶叶外，再加上炒熟的花生、芝麻、米花等；另外，还要加些食盐、胡椒（粉）之类。制作时，通常将茶和多种食品，以及作料放在特制陶制擂茶钵内，然后用硬木擂棍用力旋转，使各种原料互相混合，再取出倾入碗中，用沸水冲泡，用调匙轻轻搅拌几下，即成擂茶。少数地方也有省去擂研，将多种原料放入碗内，直接用沸水冲泡的，但冲茶的水必须是现沸现泡的。这种擂茶，它稠如粥，咸中带香，软里有硬。每碗擂茶，有喝的，有嚼的，如此吃上二三碗，即便一餐不吃饭，也并不觉得饥饿。在喝擂茶的地区，一般人们中午干活回家，在用餐前总喜欢喝几碗擂茶为快。有的年轻人倘若一天不喝擂茶，就会感到全身乏力，精神不爽，视喝擂茶如同吃饭一样重要。不过，倘有亲朋好友进门，那么，在喝擂茶的同时，还必须备有几碟茶点。茶点以清淡、香脆食品为主，诸如花生、薯片、瓜子、米花糖、炸鱼片之类，以增加喝擂茶的情趣。但按照湘西的习惯，在一些重要场合喝擂茶时，不但擂茶宜用8种食品调制而成；而且桌子需用古色古香的八仙桌；同时桌上要放8碟茶点。他们认为，八仙桌有8个座位，能容纳8个人喝擂茶，表示每人有一份。“来的都是客，不分你我他”。另外，认为“八”是个吉祥数字，这叫“桌摆八，有财发”。



喝擂茶还有一个规矩，就是当主人向客人奉上一碗擂茶时，倘不懂规矩，马上喝下去时，主人就会眼明手快，操起勺子，给你添上第二碗，如此继续，会使你不堪忍受。其实，如果你不想再喝，可千万别喝下去，只要将碗中的擂茶保持满碗，到临走时一喝而尽就是了。

# 第九章　少数民族茶俗

中国地广人多，又是一个多民族的国家，各兄弟民族之间由于所处地理环境和历史文化的不同，以及生活风俗的各异，使每个民族的饮茶习俗各不相同，风尚迥异。即使是同一民族，在不同地域，或者说同一地域的不同人群，其饮茶方法也是各有不同。不过把饮茶看做是健身的饮料、纯洁的化身、友谊的桥梁、团结的纽带，在这一点上是共同的。下面，将一些兄弟民族中有代表性的饮茶习俗，分别介绍如下。

## 一、蒙古族的代用奶茶和咸奶茶

蒙古族主要居住在内蒙古自治区及其边缘的一些省、自治区。蒙古族牧民以食牛、羊肉及奶制品为主，粮、菜为辅。砖茶是牧民不可缺少的饮品，喝由砖茶煮成的咸奶茶，是蒙古族人们的传统饮茶习俗。蒙古族如今喝的咸奶茶，大约始于13世纪以后。在砖茶还未进入内蒙古草原之前，森林草原上的许多药用植物都曾替代过茶，作为制作奶茶的原料。如今，依然可见的苏顿茶、玛瑙茶、乌日勒茶、曾登茶等，就是古之奶茶的遗风。

现代蒙古族多以青砖茶或黑砖茶作为熬咸奶茶的原料。在牧区他们习惯于“一日三餐茶，一顿饭”。所以，喝咸奶茶，

除了解渴外，也是补充人体营养的一种主要方法。每日清晨，主妇的第一件事就是先煮一锅咸奶茶，供全家人整天享用。蒙古族喜欢喝热茶，早上，他们一边喝茶，一边吃炒米，将剩余的茶放在微火上暖着，以便随时取饮。通常一家人只在晚上放牧回家时才正式用餐一次，但早、中、晚3次喝咸奶茶，一般是不可缺少的。

蒙古族喝的咸奶茶，用的多为青砖茶或黑砖茶，煮茶的器具是铁锅。煮咸奶茶时，用砍茶刀将砖茶劈成小块；再用石臼把砖茶块砸碎成末，随即将洗净的铁锅置于火上，盛水2～3千克刚打上来的新鲜活水；烧水至刚沸腾时，加入打碎的砖茶50～80克随即用文火熬3～5分钟后，掺入几勺鲜牛奶。用奶量为水的五分之一左右，稍加搅拌，再加入适量盐巴。等到整锅咸奶茶开始沸腾时，才算把咸奶茶煮好了，即可盛在碗中待饮。

煮咸奶茶的技术性很强，茶汤滋味的好坏，营养成分的多少，与用茶、加水、掺奶，以及加料次序的先后都有很大的关系，如茶叶放迟了，或者加茶和奶的次序颠倒了，茶味就会出不来。而煮茶时间过长，又会丧失茶香味。蒙古族同胞认为，只有器、茶、奶、盐、温五者相互协调，才能制出咸香可宜，美味可口的咸奶茶。为此，蒙古族妇女都练就了一手煮咸奶茶的好手艺。大凡姑娘从懂事起，做母亲的就会悉心向女儿传授煮茶技艺。当姑娘出嫁时，在新婚燕尔之际，也得当着亲朋好友的面，显露一下煮茶的本领。要不，就会有缺少家教之嫌。

蒙古族是个好客的民族，喝茶也十分重视礼节。如果家中来了尊贵的客人，首先要让客人坐在蒙古包的正首。在客人面前，摆上低矮木桌，端上大盘炒米花，以及糕点、奶豆腐、黄油、奶皮子、红糖等各式食品。上奶茶时，通常有长儿媳双手托举着带有银镶边的杏木茶碗，举过头顶，敬献给客人，次敬家族长辈，一旦客人起身用双手接过奶茶，一般先用口唇咂一下奶茶，以示对主人的敬意。碗中奶茶一般以七、八分满为度。随后，宾主即可根据各自的口味，选用桌上食品随意调饮。如果有朋从远方来蒙古族同胞家中作客，不敬奶茶和饮奶茶用的食品，视为有失礼仪和脸面，意为“无茶无脸”。即使在蒙古族自已家中饮茶，也有一定规矩：一旦熬好奶茶放在桌上后，儿媳妇总要将第一碗奶茶用双手奉给长辈，然后按照辈分，再依年龄大小依次一一奉给。它充分反映了蒙古族同胞“尊老尚德”的道德规范，至今依然如故。

## 二、回族的罐罐茶和八宝盖碗茶

回族，又称“回回”。主要聚居于宁夏回族自治区，以及甘肃、青海、新疆等省、自治区，与汉族杂居。在西北地区居住最为集中，住在宁夏南部和甘肃东部六盘山一带的回族，还有与回族杂居的苗族、彝族、羌族同胞，有喝罐罐茶的习俗。罐罐茶有清茶和面茶之分。在当地，每户农家的堂屋地上，都挖有一只火塘（坑），上置一把水壶，或烧木炭，或点炭火，这是熬罐罐茶必备的器皿。清晨起来，主人的第一件事，就是熬罐罐茶。

喝罐罐茶，以喝清茶为主，少数也有先用油炒茶或在茶中加花椒、核桃仁、食盐之类的。回族认为，喝罐罐茶有四大好处：提精神，助消化，去病魔，保健康。熬罐罐茶使用的茶具，通常是一家人一壶（铜壶）、一罐（容量不大的小土陶罐）、一杯（有柄的白瓷茶杯）；也有一人一罐一杯的。熬煮时，通常是将罐子围放在壶四周火塘边上，放水半罐，待壶中的水煮沸时，放上茶叶 8～10 克，使茶、水相融，茶汁充分浸

出，再向罐内加水至八分满，直到罐中的茶叶又一次煮沸时，才算将罐罐茶煮好了，即可倾茶汤入杯开饮。若有远方来的尊贵客人时，主妇还会用最高级的细作清茶招待你。制作时先将茶烘烤或用油翻炒后再煮的，目的是增加焦香味。在煮茶过程中，还有加入核桃仁、花椒、食盐之类的。但不论何种罐罐茶，由于用茶量大，煮的时间长，所以，茶的浓度很高，一般可续水 3～4 次。

另外，还有一种称之为面茶的罐罐茶，在接待礼遇较高的宾客时饮用。制作时，一般选用核桃、豆腐、鸡丁、肉丁、黄豆、花生等，分别用油，加上五香调和炒好，以备调茶。然后，在火堂上煨好茶罐，放上茶叶、花椒叶等，再加水煮沸；接着，再调面粉，并用筷子搅拌，使之呈稠状。最后女主人向茶碗内加一层茶料，一层调料，通常重复三次，使之成为形成三层面茶。如此吃来，每层面茶都具有不同的风味。面茶既是茶饮料，能生津止渴；又是食料，可充饥，可谓“一举两得”。

由于罐罐茶的浓度高，喝起来有劲，会感到又苦又涩，好在倾入茶杯中的茶汤每次用量不多，不可能大口大口地喝下去，但对当地少数民族而言，因世代相传，也早已习以为常了。



喝罐罐茶还是当地迎宾接客不可缺少的礼俗，倘若有朋进门，他们就会一同围坐在火塘边，一边熬罐罐茶，一边烘烤马铃薯、麦饼之类，如此边喝茶、边嚼食，此情此景，终身难忘！在一首古老而纯朴的罐罐茶民谣中，说得情深意长：“好喝莫过罐罐茶，火塘烤香‘锅塌塌’（玉米粉制成的饼子）；客来茶叶加油炒，熬茶的罐罐鸡蛋大。”

回族同胞除了喝罐罐茶，还时尚喝八宝盖碗茶。八宝盖碗茶的用料很多，除主料茶叶外，辅料有桂圆肉、桃仁、红枣、

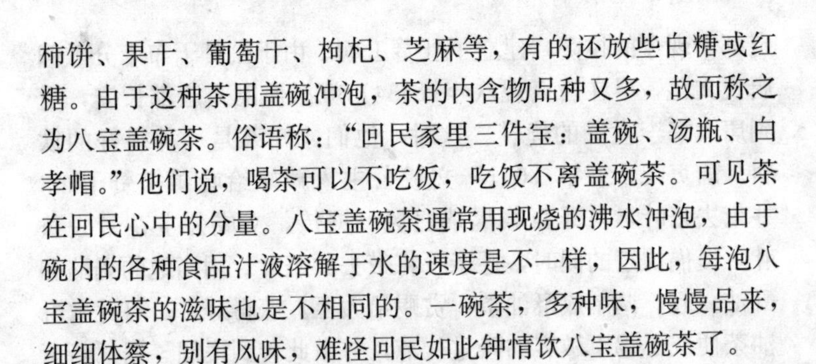

柿饼、果干、葡萄干、枸杞、芝麻等，有的还放些白糖或红糖。由于这种茶用盖碗冲泡，茶的内含物品种又多，故而称之为八宝盖碗茶。俗语称：“回民家里三件宝：盖碗、汤瓶、白孝帽。”他们说，喝茶可以不吃饭，吃饭不离盖碗茶。可见茶在回民心中的分量。八宝盖碗茶通常用现烧的沸水冲泡，由于碗内的各种食品汁液溶解于水的速度是不一样，因此，每泡八宝盖碗茶的滋味也是不相同的。一碗茶，多种味，慢慢品来，细细体察，别有风味，难怪回民如此钟情饮八宝盖碗茶了。

### 三、藏族的酥油茶和奶茶

藏族主要聚居在我国的西藏自治区，在四川、青海、云南、甘肃的部分地区也有居住，喝茶是藏族同胞生活中的头等大事。当地有句俗语，叫做“饭可以一天不吃，茶却不能一天不喝。”把茶和米看得同等重要，无论男女老幼，都离不开茶，成年人每天喝几十碗并不稀奇，有的老年人因茶喝得不够而感到四肢无力，甚至卧床不起。所以，藏族认为能喝上茶就是幸福。当地有一首民谣这样唱道：“麋鹿和羚羊聚集在草原上，男女老幼聚集在帐篷里；草原上有花就有幸福，帐篷里有茶就更幸福。”所以，藏族同胞一般每天要喝四次茶：第一次，称之为“斗麻”。通常是清早起来，先在碗底放上一些炒面和干酪或奶油，然后倒上茶水，续水数次，喝足以后，最后碗底食物搅成面糊吃净，为早餐；第二次在中午，除了喝奶茶，还要吃一些烤饼、灌肠之类；第三次是傍晚，喝奶茶后，还得再拌上一碗“糌粑”充食；第四次便是晚茶，通常在晚餐后，围着火坑，端着色泽红润、透着乳香的热奶茶或酥油茶，一直喝到睡觉才休。据查，藏族同胞与茶结缘，始于公元7世纪初，当时藏族英雄松赞干布战胜其他部落，统一了辽阔的青藏高原，

定都于现今的拉萨，建立了吐蕃王朝。由于松赞干布十分敬仰唐代文化，早在唐贞观八年（634）就派使臣入唐都长安，受到唐太宗李世民的优礼。这时，他们才知茶是一种很好的饮料。唐贞观十五年（641）文成公主入藏嫁给吐蕃松赞干布，并带去茶叶，首开西藏喝茶之风。据传，文成公主在带去茶叶，提倡饮茶的同时，还亲手将带去的茶叶，用当地的奶酪和酥油一起，调制成酥油茶，赏赐给大臣，获得好评。自此敬酥油茶便成了赐臣敬客的隆重礼节，并由此传到民间。据《新唐书》记载，中唐以后，汉地产的茶叶已在吐蕃境内面市。宋时，在接近藏区的地方设立马市，专门建立了以内地的茶叶，进行换取藏族马匹的场所，这就是茶业史上所称的“茶马互市”。据史料记载，公元14世纪末，明太祖朱元璋在现今的青海省会西宁等地设立了4个茶马司，一年内就以内地茶，换取过马匹13 000余头。茶因何会受到藏族同胞的如此青睐？这是因为藏族居住地，地势高亢，有“世界屋脊”之称，空气稀薄，气候高寒干旱，他们以放牧或种旱地作物为生，当地蔬菜、瓜果很少，常年以奶肉糌粑为主食。“其腥肉之食，非茶不消；青稞之热，非茶不解。”茶成了当地人们补充营养的主要来源；同时，热饮酥油茶还能抗御寒冷，增加热量，所以，喝酥油茶便成了同吃饭一样重要。



藏族的奶茶制作比较简单，历史上多选用四川的边茶，茶叶比较粗大，一般用50克，放2升水在锅里或茶壶里熬煮，当10～15分钟后，茶水变成赤红色时，滤去茶渣，再加四分之一量的牛奶再煮开就是了。喝的时候，还会放上适量的盐，使奶茶的味道更加鲜美。奶茶能使人醒脑提神，消困解乏，生津止渴；还有滋润喉咙，消食去腻的作用，所以，受到藏族同胞的欢迎。但在节日、喜庆以及招待宾客时，藏族同胞会用酥

油茶待客。

酥油茶是一种在茶汤中加入酥油等作料，再经特殊加工而成的茶汤。至于酥油，乃是把牛奶或羊奶煮沸，经搅拌冷却后凝结在溶液表面的一层脂肪，而茶一般选用的是紧压茶中的康砖茶、普洱茶或金尖。制作时，先将紧压茶打碎加水在壶中煎煮15～20分钟，滤去茶渣，把茶汤注入长约1米，直径为20厘米的长柱形的打茶筒内。同时，加入适量酥油。此外，还可根据需要加入事先已炒熟研碎的核桃仁、花生米、芝麻粉、松子仁之类。最后还可放上少量食盐、鸡蛋等。接着，用木杵在圆筒内上下抽打。根据藏族同胞经验，当抽打时，打茶筒内发出的声音由“伊啊、伊啊”转为“嚓伊、嚓伊”时，表明茶汤和作料已混为一体，酥油茶才算打好了，随即将酥油茶倒入茶瓶待喝。

由于酥油茶是一种以茶为主料，并加有多种食料经混合而成的液体茶饮料，所以，滋味多样，喝起来咸里透香，甘中有甜，它既可暖身御寒，又能补充营养。在西藏草原或高原地带，人烟稀少，家中少有客人进门。偶尔，有客来访，可招待的东西很少，加上酥油茶的独特作用，因此，敬酥油茶便成了西藏人款待宾客的珍贵礼仪。

又由于藏族同胞大多信奉喇嘛教，当喇嘛祭祀时，虔诚的教徒要敬茶，有钱的富庶要施茶。他们认为，这是“积德”、“行善”，所以，在西藏的一些大喇嘛寺里，多备有一口特大的茶锅，通常可容茶数担，遇上节日，向信徒施茶，算是佛门的一种施舍，至今仍随处可见。如有拥有3 000众僧著称的青海塔尔寺，就有能供千人饮茶的大锅，烧煮一锅茶水，就得用上50多千克茯砖茶。

这里，值得特别一提的是藏族同胞喝茶的茶碗，还是饮茶

者身份高低的一种象征。这种茶碗，无盖无托，犹如盛饭用的碗大小，用木头雕刻而成，称之为贡碗。最上等的茶碗，碗的外壁以灿黄为底色，其上有雕刻成龙和凤的，也有八瓣莲花座的，这种茶碗专门用来供活佛、有威望的僧侣，以及地位相当的人使用；二等的茶碗，多以浅蓝为底色，外壁雕刻有雄狮图案，或有半透明的花纹，这种茶碗专供一般僧侣、老年人和部落知名人士使用；三等的茶碗，一般以白色为底色，外壁雕刻有牡丹一类的大花朵，通常为牧民帐篷主人，或者是做酥油茶的主妇自己使用的，所以，在藏民族家庭成员中，哪个人使用哪只碗是固定不变的。许多藏民，将茶碗随身所带。若到别的帐篷去作客，客人从怀中取出茶碗，请主人赐茶，并非是失礼之举。

## 四、维吾尔族的香茶和奶茶

维吾尔族是新疆维吾尔自治区的主体民族，特别是新疆南部，更为集中。然而，处于非产茶区的维吾尔族人民，却在很早以前，就与茶结下了不解之缘，并在漫长的历史中，形成了本民族独具特色的茶俗。他们主要从事农业劳动，主食面粉，最常见的是用小麦面烤制而成的馕，色黄，又香又脆，形若圆饼。此外，还食奶制品。由于维吾尔族的食物中含油多、奶多、烤炸食物多的特点，因此，进食时，总喜与茶水伴食，平日也爱喝茶。这是因为维吾尔族的食物热量高，易上火，而饮茶可以消暑清热去火；茶又有养胃提神的作用，还能补充上述食品维生素的不足，是一种富有营养的饮料，自然受到维吾尔族人民的欢迎。

所以，在民间办喜事或丧事而相互赠送的礼物中，往往有茶和馕。由于茶是维吾尔族人民生活的必需品，在日常生活中有“宁可一日无粮，不可一日无茶”、“无茶则病”之说。从而使茶在生活中更大范围内得到引申，例如把请客吃饭说成“给茶”，请吃一顿饭说成“请喝一碗茶”，希望对方原谅或向对方赔礼道歉说成“倒茶”，把时间不长说成“煮一碗茶时间”，将吃饭时间说成“喝茶时间”等，总之，在习惯上，多与茶相连。

维吾尔族是一个十分好客的民族，凡有客人进门，不但热情接待还要请客人坐在上席，主妇立即会给客人献茶，献给客人的第一碗茶，一般都由女主人来做，并按照客人辈分和资格，从大到小，依次献茶；第二碗开始，由男主人倒茶。你如果有幸在维吾尔族老乡家用茶，一般喝前一、二碗茶时，不可推却。如果在第三杯以后，不想再喝，可用手在碗口上捂一下，以示茶喝足了，这时主人就不会再给你倒茶了。喝完茶后，往往由年长者作“都瓦”：就是将两手手掌伸开，手心向上，手掌合一，默祷几秒钟，然后用手在脸庞两侧，从上到下摸一下脸面。进行时，要诚心专一，不能东张西望。待主人收拾好茶具和餐具后，客人方可离去，否则有失礼仪。



维吾尔族人民最喜欢喝香茶。煮香茶时，使用的是铜制的长颈茶壶，也有用陶质、搪瓷或铝制长颈壶的，而喝茶用的是小茶碗，这与北疆哈萨克族人民煮奶茶时，使用的茶具是不一样的。制作香茶时，先将茯砖茶敲成小块状。同时，长颈壶内放水七、八分满加热，当水刚沸腾时，抓一把碎块砖茶放入壶中，当水再次沸腾约五分钟时，则将预先准备好的适量姜、桂皮、胡椒等香料，放入煮沸的茶水中，轻轻搅拌，经3～5分钟即成。为防止倒茶时茶渣、香料混入茶汤，在煮茶的长颈壶口上套一个过滤网，以免茶汤中带渣。

南疆维吾尔族喝香茶，习惯于一日三次，与早、中、晚三

餐同时进行，通常是一边喝茶，一边吃馕，这种饮茶方式，与其说把茶看做是一种解渴的饮料，还不如把它说成是一种佐食的汤料，实是一种以茶代汤，用茶作菜之举。

维吾尔族人民除喜喝香茶外，还爱吃炒面茶和喝奶茶。吃炒面茶多在冬天进行，制作时，先用植物油或羊油将面粉炒熟，再加入刚煮好的茶水和适量的盐拌匀即成。其实，这是一种富含营养的茶食品。至于奶茶，通常饮用时，先将茯砖茶打碎，放在铝壶中，加水煮沸后，再放入茶汤用量1/5～1/4的鲜奶和适量盐，搅匀即成。喝奶茶多采用温饮，与吃馕或面食同时进行，犹如汉族同胞吃饭喝汤一样。

## 五、侗族的油茶

侗族，主要分布在贵州、湖南、广西的毗连地区，他们自称“甘”，与当地的汉族、壮族、瑶族、苗族兄弟一起，除喝用沸水直接冲泡的清茶外，还喜喝一种类似菜肴的油茶。这是一种特殊的饮茶法，俗称打油茶。认为喝油茶可以充饥健身、祛邪去湿，还能预防感冒，对一个长期居住在山区的民族而言，油茶实在是一种健身饮料。因此，在有的地方，油茶已成为生活中的一种必需饮料，又是侗族用于聚会、议事、娱乐、待客时的最好饮食，所以，凡在喜庆佳节，或亲朋贵客进门，总喜欢用做法讲究、作料精选的油茶款待大家。

打油茶时，先生火，待锅底发热，放入适量茶油（油茶籽榨的油）入锅，待油面冒青烟时，立即放入一撮生糯米翻炒，待糯米发出焦香时，再投入刚从茶树上采下来的幼嫩新梢入锅翻炒，当茶叶发出清香时，加上少许食盐，随即放水加盖，煮沸3～5分钟，再将茶叶用捞（茶滤）捞起，油茶汤置入茶壶盛碗待喝。一般家庭自己喝油茶，这又香、又爽、又鲜的油茶就算打好了。

如果打的油茶是供作庆典或宴请用的，那么，还得配茶。配茶就是将事先准备好的食料，先炒熟，取出放入茶碗中备用。常见的食料有米花、花生米、黄豆等，然后用壶中的油茶汤，趁热倒入备有食料的碗中，供客人吃茶。

一般当主妇快把油茶打好时，主人就会招待客人围桌入坐。由于喝油茶时，碗内加有许多食料，因此，还得用筷子相助，所以，说是喝油茶，还不如说吃油茶更为贴切。吃油茶时，常由主妇一碗一碗地递给大家，然后，边喝边吃，吃完第一碗，将碗放下，由主妇收回。接着，再煮第二碗茶汤。吃完第二碗，再煮第三碗。一般以三碗为快，这叫“三碗不见外”。吃完第三碗后，可以将筷子放在茶碗上，表示已经喝饱。否则，主妇会继续让你吃第四碗、第五碗。此外，客人为了表示对主人热情好客的回敬，赞美油茶的鲜美可口，称道主人手艺不凡，总是边喝、边啜、边嚼，在口中发出“啧，啧”声响，表示称赞。



由于油茶加有许多配料，所以，与其说是一碗茶，还不如说它是一道菜。有的家庭，每当贵宾进门时，还得另请村里打油茶高手制作。由于制油茶费工、花时，技艺高，所以，给客人喝油茶，是一种高规格的礼仪。

最有趣的是“吃油茶”一词，还是侗族未婚青年向姑娘求婚的代名词。倘有媒人进得姑娘家门，说是“某某家让我来你家向姑娘讨碗油茶吃。”一旦女方父母同意，那么，男女青年婚事就算定了。所以，“吃油茶”一词，其意并非单纯的喝茶之意。如今，在广西三江县的一些侗族，在结婚时，还有用末茶制作油茶的风俗。制作时，先用石臼将制好的干茶，碾成粉末后再做成油茶。他们认为，吃末茶制作的油茶，是为了使新

媳妇进门后不忘祖先，这种吃茶法，很有点像日本抹茶法的味道；同时，也保存有中国古代饮茶方法的痕迹。

## 六、白族的三道茶和响雷茶

白族，有80%聚居于云南省的大理白族自治州，其余散居于云南的碧江、元江、昆明、昭通，以及贵州省的毕节、四川省的西昌等地。

白族是一个十分好客的民族，不论逢年过节，生辰寿诞，男婚女嫁，或是有客登门造访，都习惯于用三道茶款待客人。三道茶，白族称它为"绍道兆"。这是一种祝愿美好生活，并富于戏剧色彩的饮茶方式。喝三道茶，当初只是白族用来作为求学、学艺、经商、婚嫁时，长辈对晚辈的一种良好祝愿。说到它的形式，还有一个富有哲理的传说：早年在大理苍山脚下，住着一个木匠，他的徒弟已学艺多年，却不让出师。他对徒弟说："你已会雕、会刻，不过还只学到一半的工夫。如果你能把苍山上的那棵大树锯下，并锯成木板，扛得回家，才算出师。"于是徒弟上山找到那棵大树，立即锯起来。但未等将树锯成板子，徒弟已经口干舌燥，便恳求师父让他下山喝水解渴，但师父不依，一直锯到傍晚时，徒弟再也忍不住了，只好随手抓了一把新鲜茶树叶，咀嚼解渴充饥。师父看到徒弟吃茶树叶时，皱眉头又咂舌的样子，语重心长地说："要学好手艺，不吃点苦怎么行呢?"这样，直到日落西山，总算把板子锯好了，但此时徒弟已精疲力竭，累倒在地。这时，师父从怀里取出一块红糖递给徒弟，郑重地说："这叫做先苦后甜!"徒弟吃了糖，觉得口不渴，肚也不饿了。于是赶快起身，把锯好的木板扛回家。此时，师父才让徒弟出师，并在徒弟临别时，舀了一碗茶放上蜂蜜和花椒，让徒弟喝下去。进而问道："这碗茶是苦是甜?”徒弟说：“这碗茶，甜酸苦辣五味俱全。”从此以后，白族就用喝“一苦二甜三回味”的三道茶作为子女学艺、求学，新女婿上门，女儿出嫁，以及子女成家立业时的一套礼俗。以后，应用范围日益扩大，成了白族人民喜庆迎宾时的饮茶习俗。

白族三道茶，以前，一般由家中或族中长辈亲自司茶。如今，也有小辈向长辈敬茶的。制作三道茶时，每道茶的制作方法和所需原料都是不一样的。

习惯的做法是：第一道茶，称之为“清苦之茶”，寓意做人的哲理：“要立业，先要吃苦。”制作时，先将水烧开，司茶者先用一只粗糙的小砂罐，置于文火上烘烤。不停地转动罐子，待罐烤热后，随即取出适量的茶叶放在罐内，并要不停地转动砂罐，使茶叶受热均匀，待罐内茶叶发出“啪啪”声响，茶的叶色转黄，并发出焦糖香时，立即注入已经烧沸的开水。少顷，主人将沸腾的茶水倾入一种叫“牛眼睛”盅的小茶杯内，再用双手举盅献给客人。由于这种茶经烘烤、煮沸而成，因此，看上去色如琥珀，闻起来焦香扑鼻，喝下去滋味苦涩，故而谓之苦茶，通常只有半杯，一饮而尽。接着，泡制第二道茶。这道茶，称之为“甜茶”。当客人喝完第一道茶后，主人重新用小砂罐置茶、烤茶、煮茶，与此同时，还得在茶盅放入少许红糖，待煮好的茶汤倾入八分满为止。这样沏成的茶，甜中带香，甚是好喝，它寓意“人生在世，做什么事情，只有吃得了苦，才会有甜香来!”最后一道茶，称之为“回味茶”。其煮茶方法虽然相同，只是茶盅中放的原料已换成适量蜂蜜，少许炒米花，3～5 粒花椒，一撮核桃仁，茶汤容量通常为六、七分满。饮第三道茶时，一般是一边晃动茶盅，使茶汤和佐料均匀混合；一边口中“呼呼”作响，趁热饮下。这杯茶，喝起来甜、酸、苦、辣各味俱全，回味无穷。因此，白族称它为“回味茶”，意思是说，凡事要多“回味”，切记“先苦后甜”的哲理。通常主人在款待三道茶时，一般每道茶相隔3～5分钟进行。另外，还得在桌上放些瓜子、松子、糖果之类，以增加饮茶情趣。如今，白族三道茶的料理已有所改变，内容更加丰富，但“一苦二甜三回味”的基本特点依然如故，成了白族人民的传统风尚。

此外，在白族居住地区，还盛行喝响雷茶，这是一种十分富有情趣的饮茶方式。饮茶时，主宾团团围坐，主人将刚从茶树上采回来的芽叶，或经初制而成的毛茶，放入一只粗糙小砂罐内，用钳夹住，在火上烘烤。烘烤时，要翻滚罐子，以防茶叶烤焦，罐内茶叶“劈啪”作响，并发出焦糖香时，立即向罐内冲入沸腾的开水，这时罐内就会传出似雷鸣般的声音，与此同时，客人们惊讶声四起，笑声满堂。由于这种煮茶方法能发出似雷响的声音，响雷茶也就因此而得名。据说，这还是一种吉祥的象征。一当响雷茶煮好后，主人就提起砂罐，将茶汤一一倾入茶盅，再由小辈女子用双手捧盅，奉献给各位客人，在一片赞美声中，主客双方一边喝茶，一边叙谊，预示着未来生活的幸福美满、吉祥如意。



## 七、土家族的打油茶和擂茶

土家族，自称“毕兹卡”。在土家族语言中，毕兹卡即为本地人的意思，主要分布在湘西、鄂西、黔东北和渝东一带，世代与苗、汉民族同胞杂居，友好相处。历史上以男耕女织，勤劳朴素，能歌善舞，热情好客，性格奔放著称，向来有爱好吃茶的习惯。土家族最崇拜的是传说中的“八部大王”，说他是土家族的民族首领，茶的“化身”。据土家族的《梯玛神歌》

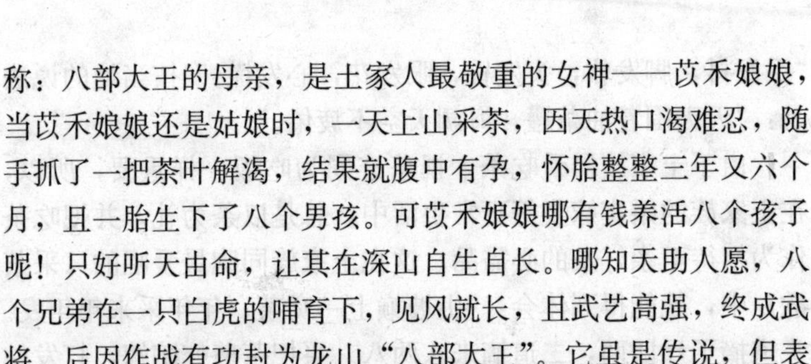



称：八部大王的母亲，是土家人最敬重的女神——苡禾娘娘，当苡禾娘娘还是姑娘时，一天上山采茶，因天热口渴难忍，随手抓了一把茶叶解渴，结果就腹中有孕，怀胎整整三年又六个月，且一胎生下了八个男孩。可苡禾娘娘哪有钱养活八个孩子呢！只好听天由命，让其在深山自生自长。哪知天助人愿，八个兄弟在一只白虎的哺育下，见风就长，且武艺高强，终成武将。后因作战有功封为龙山"八部大王"。它虽是传说，但表明土家族与中华民族早期流传的神农氏、伏羲氏等母系氏族社会的发展一脉相承。而茶理所当然地作为一种生存的生活必需品，与土家族"生死共存"。所以，时至今日，在土家族居住的湘、鄂、渝、黔交界区，至今还保存吃打油茶的风习，其实，这就是古代吃茶遗风的延续。

土家族的打油茶，并不复杂。这里"打"，其实是指"制作"的意思。制作时，通常先用一只小土陶罐，在火塘上加热后，加上适量茶油或猪油。待茶叶色变黄，发出焦香时，加水煮沸即成。喝这种油茶汤时，主人往往还会备上几碟花生米、炸黄豆、炒薯片等茶点，以助谈兴。也有的索性在制作油茶时，待油茶罐发热时，先放上花生米、黄豆之类，经轻轻抖、烤和炸，待作料熟后，再放上自制的绿茶，尔后加水煮沸即成。喝油茶汤时，最后将花生米和黄豆，连同茶叶一道吃下去。

另外，土家族和汉族、苗族、侗族、瑶族一起，还有吃擂茶（三生汤）和油茶汤的习惯。擂茶以生茶、生姜、生米仁为原料，在擂罐中经研磨后，在用沸水冲泡而成。有关擂茶和油茶汤的制作方法，在其他章节中已经谈及，这里不再赘述。一般土家族人中午干活回家，在用餐前总要吃几碗油茶汤或擂茶。有的老年人，倘若一天不喝几碗油茶汤或擂茶，就会感到：

“手发抖，脚发软，头发昏，眼发花，心发慌。”按当地的说法是：“天天围着油茶罐，海阔天空不疲倦。”

由于土家族酷爱吃茶，视茶连同为吃饭一样重要，所以，在土家族的婚丧嫁娶等日常生活中，总是以茶为礼，并把吃茶作为招待至亲好友的必需品。这在土家族同胞最爱唱的《采茶歌》中，就能得到体会：“山坡巅上一窝茶，年年采来年年发。头道摘了斤四两，二道摘来八两八。买把茶剪作陪嫁，打发姑娘到婆家。”一句话，在土家族心目中，离不开茶。吃茶，成了土家族人生存的必要条件之一。

**八、苗族的八宝油茶汤和虫茶**

苗族多数居住在贵州省，此外，在湖南、湖北、重庆、广东、广西等省、自治区直辖市也有分布，与其他民族大杂居，小聚居。所以，苗族同胞的饮茶方式很多，最使人称奇的是，他们吃八宝油茶汤和饮虫茶的习惯，最为人称道。

苗族吃八宝油茶汤的习俗，由来已久。他们说：“一日不吃油茶汤，满桌酒菜都不香。”倘有宾客进门，他们更为用香脆可口、滋味无穷的八宝油茶汤款待。其实，称为八宝油茶汤，其意思是在油茶汤中放有多种食物之意。所以，与其说它是茶汤，还不如说它是茶食更恰当。

制作油茶汤的关键工序是炸茶时要掌握火候，其做法是：点火后待锅底发热时，倒入适量茶油，待油冒青烟时，再放上一撮茶叶和少许花椒，用铲急速翻炒茶叶和花椒。一旦茶叶色转黄，发出焦香味时，加上少量凉水，放上姜丝，尔后用铲挤压，以便榨出茶汁、姜汁。待锅内水沸腾时，加上适量食盐、大蒜和胡椒之类，翻几下；再徐徐加水足量，当水再次沸腾时，就算将油茶做好了。讲究一点的，或是为了招待客人，那

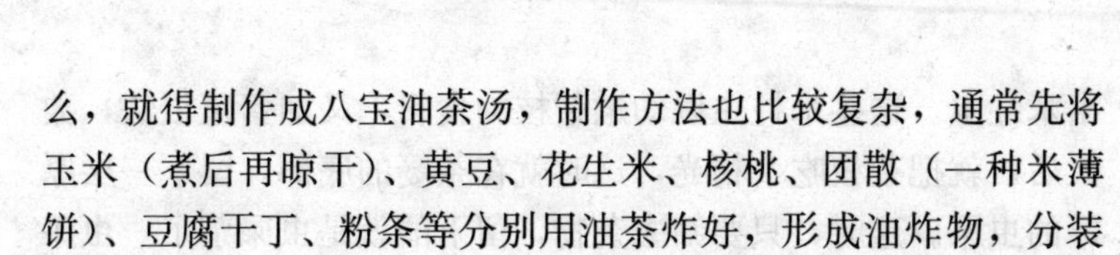


么，就得制作成八宝油茶汤，制作方法也比较复杂，通常先将玉米（煮后再晾干）、黄豆、花生米、核桃、团散（一种米薄饼）、豆腐干丁、粉条等分别用油茶炸好，形成油炸物，分装入碗待用。

接着是炸茶，特别要掌握好火候，这是制作的关键技术。具体做法是：放适量茶油在锅中，待锅内的油冒出青烟时，放入适量茶叶和花椒翻炒，待茶叶色转黄发出焦糖香时，即可倾水入锅，再放上生姜。一旦锅中水煮沸，再徐徐掺入少许冷水，等水再次煮沸时，加入适量食盐和少许大蒜之类，用勺稍加拌动，随即将锅中茶汤连同作料，一一倾入盛有油炸物的碗中，这样就算将八宝油茶汤制好了。

待客敬八宝油茶汤时，大凡有主妇用双手托盘，盘中放上几碗八宝油茶汤，每碗放上一只调羹，彬彬有礼地敬奉给客人。这种油茶汤，由于用料讲究，烹调精细，一碗到手，清香扑鼻，沁人肺腑。喝在口中，鲜美无比，满嘴生香。既解渴，又饱肚子，还有特异风味，堪称中国饮茶技艺中的一朵奇葩。苗族吃油茶汤的另一习俗，是在任何时候都不用筷子。更有甚者，有的连调羹也不要，饮用者手捧一碗滚烫的油茶汤，就用嘴在碗沿按顺时针方向转喝，不一会即可连干带汤吃得干干净净，决不会在碗底留下油炸物，可谓是土家族吃油茶汤的一手特殊技能。

苗族的虫茶，主要流行于湖南的城步苗族自治县和广西的桂林地区的苗族，这是一种十分奇特的茶。虫茶，又称虫屎茶，制作方法非常奇异，通常在每年 4～5 月间进行，制作时先将茶树嫩枝从树上采下来置于竹篓之中，尔后，浇上清洁的淘米泔水，再将竹篓连同茶枝一道搁在通风的楼阁上。数日后，由于新鲜的茶枝上附有淘米泔水，于是很快就在茶枝上长

出米蛀虫。这些米蛀虫以幼嫩茶枝为食料，又加繁殖很快，数天后，就把茶枝吃个精光，这时就在茶篓的底部，留下一层厚厚的虫屎。这时，只要筛去杂物，留下的就是虫屎茶了。虫屎茶通常装在瓷瓶内，随需随用。

苗族兄弟饮虫屎茶时，通常用手抓一撮虫屎茶放在碗中，冲入滚开水，虫屎茶就会释放出丝状红茶汁，飘于水中，并缓缓落入碗底。少顷，轻轻晃动茶碗，整个茶碗中的茶水，当即成为深红色，这就算将虫屎茶冲泡好了。

苗族兄弟认为，虫屎茶与普通茶相比，色泽更加红艳，滋味更加甘美，香气更加馥郁，倘若有机会，能到苗家喝上一碗虫屎茶，那么，肯定会给你留下难忘的饮茶记忆。

## 九、哈尼族的土锅茶和土罐茶

哈尼族，主要居住在云南省的红河地区，以及普洱、澜沧等县。喝土锅茶是哈尼族的嗜好，也是一种古老而简便的饮茶方式。

哈尼族居住地区，气候温和，雨量充沛，终年云雾缭绕，为茶树生长提供了得天独厚的自然条件，其地种茶历史悠久，是普洱茶的重要产茶区，也是云南茶叶主要产地，西双版纳州的勐海南糯山，还生长有树龄在800年以上人工栽培的大茶树。说起哈尼族发现茶和种植茶，以及喝土锅茶，还有一个动人的故事。说在很久以前，有一位勇敢而憨厚的哈尼族小伙子，在深山里猎到一头凶豹，用大锅煮好后，分给全村男女老幼分享。大家一边吃豹子肉，一边高兴地跳起舞。如此通宵达旦，跳了一晚，顿觉口干舌燥。为此，小伙子又请大家喝锅中煮沸的开水，正当这时，一阵大风吹来，旁边一株大树上的叶片纷纷落入锅中。大家喝了锅里的树叶水，感觉苦中有甜，还带有清香，非常爽口，自此，哈尼族就称这种树叶为“老拔”，即汉语里“茶”的意思，于是就开始种茶树，喝土锅茶也就由此开始，一直延续到现在。

哈尼族煮土锅茶的方法比较简单，一般凡有客人进门，主妇用土锅（或瓦壶）将水烧开，随即在沸水中加入适量茶叶，待锅中茶水再次煮沸3～5分钟后，将茶水倾入用竹制的茶盅内，就算将土锅茶煮好了。随即一一敬奉给客人。平日，哈尼族同胞，也总喜欢在劳动之余，一家人围着土锅喝茶叙家常，以享天伦之乐。

哈尼族的土罐茶比较简单。煮茶用的为土陶罐，通常是单耳、鼓腹、口沿有流，小的只有拳头大小，腹的直径和罐高约为5厘米；大的有三四个拳头那么大，可供八九个人同时喝茶。

煮茶时，先在土陶罐中放上七八分满水，再直接抓一把初制青毛茶，加在罐内，接着在火塘上烧煮，待罐中茶水煮沸2～3分钟后，就算把土罐茶煮好了。随即，将土罐茶倒入杯中饮用。这种茶，既浓又香，茶劲十足。如果趁热喝下，备感精神饱满，意气焕发。

## 十、傈僳族的油盐茶和糖茶

傈僳族，主要聚居于云南省的怒江一带，散居于云南省的丽江、大理、德宏、楚雄、迪庆等地。境内的高黎贡山、碧罗雪山对峡东西，形成南北两大峡谷，落差达3 000米以上。傈僳族大多与汉族、白族、彝族、纳西族等交错杂居，形成大分散、小聚居的特点，是一个质朴而又十分好客的民族，喝油盐茶和糖茶是傈僳族广为流传而又十分古老的饮茶方法。

油盐茶制作方法奇特，首先将小土陶罐在火塘（坑）上烘

热，然后在罐内放入适量茶叶，在火塘上不断翻滚，使茶叶烘烤均匀。待茶叶变黄，并发出焦糖香时，再加上少量食油和盐。稍时，再加水适量，煮沸3分钟左右，就可将罐中茶汤倾入碗中待喝。油盐茶因在茶汤制作过程中，加入了食油和盐，所以，喝起来，“香喷喷，油滋滋，咸兮兮，既有茶的浓醇，又有鲜的回味！”

傈僳族的糖茶，制作方法与油盐茶相似，就是在茶汤中，只放糖而不放盐和食油，故而称之为糖茶，这种茶。喝起来，既有茶的浓醇味，又有糖的甜香味，苦中有甜，别有滋味。

此外，还有只放盐而不放其他作料的，这就叫做盐茶了。它与糖茶滋味不同，却是甘中带咸。但无论是油盐茶，还是糖茶或盐茶，傈僳族同胞还常用它来招待客人，这些茶也是家人团聚喝茶的一种生活方式。

## 十一、傣族的竹筒茶和茶泡饭

傣族，主要聚居于云南的西双版纳州和德宏地区，在云南省的其他县、市，也有分布。



傣族多数居住在群山环抱的河谷低坝地区，是一个能歌善舞而又热情好客的民族。这里山川秀丽，雨量充沛，土壤肥沃，呈现一派热带风光。傣族人民种茶、制茶和饮茶，有着源远流长的历史。茶是生活中不可缺少的一部分。这可从祖辈开始留传下来的一首《采茶歌》中得到印证：“采茶采遍每座茶林，就像知了（蝉）远离了黏黏的树浆，无忧无虑好开心。我们要以茶为本，年年都是这样欢欣。”据傣历204年写成的贝叶经《游世贝叶经》载，西双版纳发现茶叶并开始种茶，是在佛祖游世传教时就开始的，距今约有1 200年历史。经中写道：“有青枝绿叶，白花绿果生于人间，佛祖曾告说，在攸乐和易武、曼崙和曼撒有美丽的嫩叶，在热地的倚邦、莽枝和革登，依佛经所言，是甘甜的茶叶，生于大树荫下。”接着，还写了男女老少，吃了这种叫做“茶”的“天下好东西，先苦后回甘，好吃又润喉。你等拿去种，日后定有益……。”这里，尽管在写经谈茶时，不免带有宗教色彩，但在此不难看出，傣族饮茶历史之久。在《游世贝叶经》中，还记载了傣族先民，烤茶、煮茶和吃茶泡饭的由来，说佛祖游世时，从易武山上下来，在山脚边见到两个放骡马的傣家人时，两位傣家人当即向佛祖献上开水，佛祖见水中无物，喝水无味，便在附近采来几片嫩叶，经烘烤后，放入煮开水的竹筒中，顿觉清香四溢，水味甘甜，告之乃“天下好东西”茶叶，“能生津解渴，在没有菜时，还能用来烧泡饭吃。两位傣家人当即尝试，果然味道美。于是记住佛祖之言，每日采来茶树上鲜嫩叶，烘烤煮吃……。”从此，傣族人民就有煮竹筒香茶和吃茶泡饭的风习，并一直流传至今。

竹筒香茶，傣语称为“腊跺”。按傣族的习惯，烹饮竹筒茶，大致可分两个步骤，它的制作也甚为奇特。

首先是装茶：用晒干的春茶，或经初加工而成的毛茶，装入刚砍回来的生长期为一年左右的嫩香竹筒中。接着是烤茶：将装有茶叶的竹筒，放在火塘三脚架上烘烤6～7分钟后，竹筒内的茶叶便软化。这时，用木棒将竹筒内的茶压紧，尔后再填满茶，继续烘烤。如此边填、边烤、边压，直至竹筒内的茶叶填满压紧为止。这样，才算将竹筒香茶烤好。随后用刀剖开竹筒，取出圆柱形的竹筒茶，以待冲泡。

冲泡竹筒香茶时，一般大家围坐在小圆桌四周。先掰下少许竹筒香茶，放在茶碗中，冲入沸水至七八分满，大约3～5分钟后，就可开始饮茶。竹筒香茶饮起来，既有茶的醇厚滋

味，又有竹的浓郁清香，非常可口，所以，饮起来有耳目一新之感。

至于傣族在过节亲人聚会时，吃的茶泡饭，一般的习惯。烧制时，先要在锅中放上水，再加上一撮茶叶，待水煮沸，茶汁浸出时，捞起茶渣，加入已煮好的饭，捣散结块的饭团即成。在傣族民间，茶泡饭还有一种特殊的意义，就是傣族姑娘有用茶泡饭送给情郎吃，表达爱慕之意，把它作为投情的风俗。

在平日，傣族民间还有一种喝茶的风习，就是招待客人时，多喜欢用大叶茶泡在一个大器皿中，当茶汁浸出后，再倒入杯中送给客人品尝。待续水二三次，茶味变淡后，还会捞出茶叶，在茶水中加上适量青果汁，这样，使在淡淡的茶味中，融入了酸甜的回味，如此饮茶，倒也别致。

## 十二、哈萨克族的马奶子茶和奶皮子茶

哈萨克族，主要居住在新疆维吾尔自治区天山以北的伊犁、阿尔泰，以及巴里坤、木垒等地，少数居住在青海省的海西和甘肃省的阿克塞。以从事畜牧业为生，饮食大部分取自牲畜，以肉、奶为主，最普遍的食物是手抓羊肉和喝马奶子茶。哈萨克族喝茶历史久远，早在南北朝宋元徽年间（473—476），突厥商人至西北边境，以物易茶，茶叶开始从陆路对外贸易，“回鹘汗国”直接从中原地区采购茶叶，运至天山南北、中亚诸地，包括哈萨克族在内的当地民族兄弟，开始饮茶，使茶逐渐成为生活必需品。茶在哈萨克族人民的生活中，占有很重要的位置，把它看成与吃饭一样重要。他们的体会是：“一日三餐有茶，提神清心，劳动有劲；三天无茶下肚，浑身乏力，懒得起床。”他们还认为，“人不可无粮，但也不可少茶。”这与

哈萨克族人民食牛羊肉和奶制品，少吃蔬菜有关。所以，喝马奶子茶已成为当地生活的重要组成部分。

马奶子茶，对以从事畜牧业为生的哈萨克族，以及当地的维吾尔族等同胞来说，已是家家户户，长年累月，终日必备的饮料。哈萨克族煮马奶子茶使用的器具，通常用的是铝锅壶或铜锅壶，喝茶用的是大茶碗。煮马奶子茶时，先将茯砖茶打碎成小块状。同时，盛半锅或半壶水加热沸腾，随即抓一把茯砖茶入内，待煮沸 5 分钟左右，加入马奶子，用奶量约为茶汤的五分之一，轻轻搅拌几下，使茶汤与奶充分混合，再投入适量盐巴，重新煮沸 3 分钟左右即成。讲究一点的人家，也有不加盐巴而加食糖和核桃仁的。这样，才算把一锅（壶）热乎乎、香喷喷、油滋滋的马奶子茶煮好了，便可随时饮用。

哈萨克族牧民习惯于一日早、中、晚三次喝马奶子茶，平日用餐时，通常是吃早饭时要喝马奶子茶，午饭和晚饭后要喝马奶子茶，劳动解渴时也要喝马奶子茶。中老年人还得上午和下午各增加一次。但哈萨克族的主食通常是馕（一种用小麦面烤制而成的饼），在这种情况下，总以马奶子茶相伴。不过有时也吃肉或油炸食品，这时，就会喝上几碗用茯砖茶烧煮的清茶，以助消化。如果有客人从远方来，那么，主人就会立即迎客入帐，席地围坐。好客的女主人，当即在地上铺一块洁净的白布，献上烤羊肉、馕、奶油、蜂蜜、苹果等招待，再奉上一碗马奶子茶。如此，一边谈事叙谊，一边喝茶进食，饶有风趣。

喝马奶子茶对初饮者来说，会感到滋味苦涩而不习惯，但只要在高寒、缺蔬菜、食奶、肉的北疆住上十天半月，就会感到喝马奶子茶实在是一种补充营养和去腻消食不可缺少的饮料，对当地牧民“不可一日无茶”之说，也就不难理解了。

哈萨克族人民除喝马奶子茶外，有时也有喝奶皮子茶的习惯，具体做法是：先将捣碎的茶叶放在铝锅或壶里，加水煮沸后，再加入已经熬好带奶皮的牛奶，用量是茶汤的1/5左右。

此外，还有一些哈萨克族的老汉和妇女，还有吃茶渣的习惯，就是将喝完奶茶后，把残存在锅底或壶底的茶渣咀嚼吃进肚里，即便有多余的茶渣，他（她）们认为用来喂马，马也会身强力壮，鬃毛油润发光。由此可见，哈萨克族人民，对茶的爱好，决非一般。

## 十三、佤族的苦茶和土锅茶

佤族，主要聚居于云南省的沧源、西盟等地，在澜沧、孟连、耿马等地也有居住。佤族居住的地区，习惯上称之为阿佤山，他们至今仍保留着一些古老的生活习惯，将茶与祖先和鬼神连在一起。他们的巫语是："你喝了茶叶水，你见到了鬼魂。"茶树就是鬼魂，就是祖先。因此，世代相传，生活中不可无茶，朋友进门也不可无茶。否则，就是对祖先和神的不恭。他们的喝茶方式比较原始，苦茶就是其中之一。



佤族的苦茶，冲泡方法别致，通常先用茶壶将水煮开；与此同时，另选一块清洁的薄铁板，上放适量茶叶，移到烧水的火塘边烘烤。为使茶叶受热均匀，还得轻轻抖动铁板。待茶叶发出清香，叶片转黄时，随即将茶叶倾入开水壶中进行煮茶，约沸腾3～5分钟后，即将茶汤置入茶盅，以便饮喝。由于这种茶是经过烤煮而成，喝起来焦中带香，苦中带涩，故而谓之苦茶。如今，佤族仍保留这种饮茶习俗。住在比较开放地区的佤族，也有开始采用沸水冲泡法，直接饮清茶的。采用的茶叶，大多为当地已加工好的青茶。泡茶用的饮器，大多为陶瓷碗或陶杯。这种茶饮用起来，有返朴归真之感，饶有情趣。

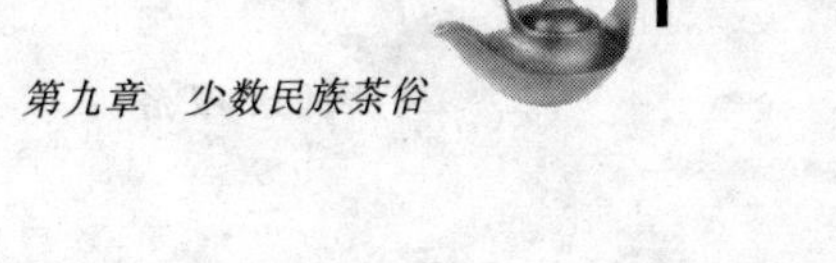



此外，佤族同胞也有饮土锅茶的习惯，就是直接用锅将水烧沸，尔后将直接从茶树上采摘来的鲜嫩茶枝，在土锅茶的火塘边烘烤至发出清香时，直接放进土锅的沸水中，经煮沸3～5分钟即成。

## 十四、拉祜族的烤茶和糟茶

拉祜族，清代以后，史籍称之为“倮黑”。他们主要分布在云南澜沧地区和双江、孟连等县，其余散居在思茅、临沧等地。在拉祜语中，“拉”是捕获猛虎，“祜”是在家分食的意思，因此，猎猛虎共享是拉祜人对自己的称呼。拉祜族同胞，20世纪50年代前，被历代统治阶级视为“野人”，困居于原始森林之中，因此，在生活中保留着不少较为原始的风习。饮烤茶就是拉祜族古老而传统的普遍饮茶方式。拉祜语中称之为“腊扎夺。”

按拉祜族的习惯，烤茶时，先要用一只小土陶罐，放在火塘上用文火烤热，然后放上适量茶叶抖烤，使茶受热均匀，待茶叶叶色转黄，并发出焦糖香为止。接着用沸水冲满装茶的小陶罐，随即泼去茶汤面上的浮沫，再注满沸水煮沸3～5分钟待饮。然后倒出少许，根据浓淡，决定是否另加开水。再就是将在罐内烤好的茶水倾入茶碗，奉茶敬客。

喝茶时，拉祜族兄弟认为，烤茶香气足，味道浓，能振精神才是上等好茶。因此，拉祜族喝烤茶，总喜欢喝热茶。同时，客人喝茶时，特别是第一口喝下去后，啜茶，就是用口啜取茶味，口中还得“啧！啧!”有声，以示主人烤的茶有滋有味，实属上等好茶。这也是一种客人对主人的赞赏与回礼！

此外，傣族、基诺族、德昂族等同胞也有喝烤茶的风俗和习惯。

喝糟茶也是拉祜族同胞的一种古朴而简便的饮茶方式。喝糟茶，先得制糟茶，就是先将茶树的鲜嫩新梢采下来后，在沸腾的开水锅中煮上1～2分钟，相当于茶叶加工过程中的“杀青”。新梢半熟时，随即将茶叶取出，放入竹筒内。3～5天后待竹筒内的茶叶缓慢氧化发酵，并发出微有酸味后，即可饮用。饮用时，只要将水烧开，从竹筒中取出适量茶叶，煮上3～5分钟即成。这种茶，拉祜族同胞称之为糟茶。糟茶喝起来，略带苦涩，并有一定酸味，但有解渴舒胃之功效。

## 十五、纳西族的“龙虎斗”和盐茶

纳西族，主要聚居于云南省的丽江，部分散居在云南省的香格里拉、维西、宁蒗等县，以及四川省的西昌地区。由于纳西族聚居于滇西北高原的雪山、云岭、玉龙山和金沙江、澜沧江、雅砻江三江纵横的高寒山区，用茶和酒冲泡调和而成的“龙虎斗”茶，被认为是解表散寒的一味良药，因此，“龙虎斗”茶总是受到纳西族的喜爱。

纳西族喝的“龙虎斗”茶，在纳西语中称之为“阿吉勒烤”。是一种富有神奇色彩的饮茶方式。饮茶时，首先用水壶将水烧开。与此同时，另选一只小陶罐，放上适量茶，连罐带茶烘烤，为免使茶叶烤焦，还要不断转动陶罐，使茶叶受热均匀。待茶叶发出焦香时，罐内冲入开水，再烧煮3～5分钟。同时，准备茶盅，再放上半盅白酒，然后将煮好的茶水冲进盛有白酒的茶盅内。这时，茶盅内就会发出“啪啪”的响声，纳西族同胞将此看做是吉祥的征兆。声音愈响，在场者愈高兴。响过之后，茶香四溢。有的还会在茶水中放进1～2只辣椒。这种茶不但刺激味强烈，而且“五味”俱全。纳西族认为，茶和酒，好似龙和虎，两者相冲（斗），即为“龙虎斗”它还是

治感冒的良药，因此，提倡趁热喝下，准能使人额头发汗，全身发热，去寒解表。再甜甜地睡上一觉，感冒也就好了。

喝“龙虎斗”茶，还有香高味酽，提神解渴的作用，喝起来甚是过瘾！不过，纳西族同胞认为，冲泡“龙虎斗”茶时，只许将热茶倒入在白酒中，切不可将白酒倒入热茶水内。否则，效果大不一样。

纳西族同胞还好喝盐茶，盐茶的泡制方法，大致与“龙虎斗”茶的制作方法相似，不同的是在预先准备好的茶盅内，放的不是白酒而是食盐。这种茶喝起来既有茶味，也有盐味。

此外，纳西族同胞也有在喝的茶汤中，不放食盐而改用糖的茶，称之为糖茶。

## 十六、景颇族的腌茶和鲜竹筒茶

景颇族，主要聚居于云南省的德宏地区，少数分布在云南省的怒江一带。它是由唐代“寻传”部落的一部分发展而来，近代文献多称其为“山头”，自称为“景颇”。景颇族大多居住在高山区，是一个土著民族。在20世纪50年代前，还基本保留着母系社会的生活，所以，当时他们称自己是舅舅的后代。景颇族同胞至今仍保留着以茶做菜的古老食茶法，吃腌茶和鲜竹筒茶就是例证。

腌茶一般在雨季进行，所用的茶叶是不经过加工的鲜叶。用清水洗净，沥去鲜叶表面附着的水后待用。

腌茶时，先用竹匾将鲜叶摊开，稍加搓揉，再加上辣椒、食盐适量拌匀，放入罐或竹筒内，层层用木棒舂紧，再将罐（筒）口盖紧，或用竹叶塞紧。静置两三个月，到茶叶色泽开始转黄，就算将茶腌好。

接着，将腌好的茶从罐内取出晾干，然后装入瓦罐，随食

随取。讲究一点的，食用时还可拌一些香油，也有加蒜泥或其他作料的。所以说，腌茶其实就是一道茶菜。

另外，还有一些景颇族，喜欢饮用“鲜竹筒茶”。做法是先劈一个有碗口粗细，并有竹节作底的新鲜竹筒，下部削尖，插入土中，再将山泉水装入鲜竹筒内，放在火塘的三脚架上烧开，再将刚采下的鲜嫩茶枝，在火塘上翻烤，待发出茶香时，将茶投入竹筒内煮 2～3 分钟即成。这种茶饮起来，既有山泉水的甘甜，鲜竹的清香，还有茶的滋味，饮起来别有一番风味。

## 十七、布朗族的青竹茶和腌茶

布朗族是个古老的民族，主要居住在云南省的西双版纳，以及临沧、双江、澜沧、景东、墨江等地的部分山区。大多从事农业，善于种茶。生活习俗大多与茶、竹子有关：布朗人祭火神、请佛爷念经时，在祭品中必须有竹笋和茶；办婚事时，得用茶作礼品。如男青年向女青年求婚时，就得请一位长者带上茶和烟去女方家提亲；举行婚礼时，主婚人总要吟念一段颇有情趣的祝婚词：“你们是天生的一对，祖先让你们结合在一起，生下儿子力气大，会挖竹鼠会捕鱼，会打马鹿会种地，旱谷、茶叶吃不完；生下女儿最机灵，会捕鱼虾会养禽，会舂白米会织布，日子越过越顺心。”祝婚词也离不开茶，布朗人爱饮的青竹茶，富有粗犷、野趣和古意，但又不乏情理，堪称饮茶文化中的一朵奇葩。

布朗族的青竹茶，是一种既简便，又实用，并贴近生活的饮茶方式，常在离开村寨进山务农或狩猎时饮用。

布朗族喝的青竹茶，烧制方法较为奇特。因在当地有“三多”：茶树多、泉水多和竹子多。烧制时，首先砍一节碗口粗

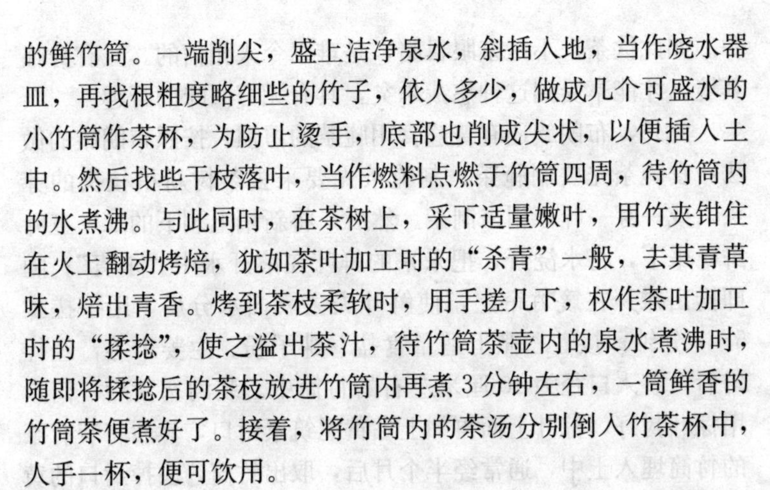

的鲜竹筒。一端削尖，盛上洁净泉水，斜插入地，当作烧水器皿，再找根粗度略细些的竹子，依人多少，做成几个可盛水的小竹筒作茶杯，为防止烫手，底部也削成尖状，以便插入土中。然后找些干枝落叶，当作燃料点燃于竹筒四周，待竹筒内的水煮沸。与此同时，在茶树上，采下适量嫩叶，用竹夹钳住在火上翻动烤焙，犹如茶叶加工时的“杀青”一般，去其青草味，焙出青香。烤到茶枝柔软时，用手搓几下，权作茶叶加工时的“揉捻”，使之溢出茶汁，待竹筒茶壶内的泉水煮沸时，随即将揉捻后的茶枝放进竹筒内再煮3分钟左右，一筒鲜香的竹筒茶便煮好了。接着，将竹筒内的茶汤分别倒入竹茶杯中，人手一杯，便可饮用。

布朗族的竹筒香茶，具有三个鲜明的特点：一是茶汤新鲜：它从采摘茶树鲜枝，加工成茶，再到烧制成茶汤，通常只需10～15分钟时间。二是泉水洁活：煮茶用水，是就近山野取来的流银溅珠般的山泉活水，中间又无需经过其他盛器倒腾，最大限度地避免了污染。三是茶具清洁，新砍下的鲜竹筒制成的茶壶和茶杯，没有任何粘附不洁之物。这三个条件，在当代饮茶过程中是难以做到的。总之，布朗族喝的青竹茶，粗粗一看，似觉有点原始，但喝起来却别有风味；将泉水的甘甜，竹子的清香，茶叶的浓醇，融为一体。特别是布朗族喝青竹茶时用的青竹茶杯，虽然古老原始，野趣横生，但细细观察，造型艺术，颇有民族特色。这种青竹茶杯，不但有削尖的杯足，可以插在地上，不至于捧着烫手。而且在青竹茶杯的口沿，挖有一个平滑磨光半圆形鼻位缺口，这样，在喝茶时，可将鼻子嵌在缺口内，口唇对着杯口的另一方，饮用起来，甚为方便。如此喝茶，饮茶者无须抬头仰脖子喝茶，正常坐姿即可舒坦喝完筒中滴滴茶汤，而鼻孔深入竹筒内，又可充分闻到茶

香。如此饮茶，不是亲眼目睹，是难以令人相信的。只有身临其境，才能享受到这种悠哉乐矣，具有无穷回味的野趣。

此外，布朗族还有普遍食用腌茶的习惯。按照布朗族的做法：食腌茶先要制腌茶，制腌茶先要采去茶树新梢枝头的芽头，或一芽一叶，用来制茶。然后，将新梢上剩下的二、三叶鲜叶采下，将水浇开，把采来的鲜叶在滚开水中“杀青”；随即捞出摊开在篾竹帘上，使鲜叶失去表面水分后，用手搓揉5～7分钟；接着，撒上适量食盐、辣子粉、生姜末等，经拌匀后，装入口径为10厘米左右的竹筒中。装满塞紧后，筒口用棕叶封好，棕叶上面再加上黏黄泥筑紧封口，然后将装有茶的竹筒埋入土中，通常经半个月后，取出竹筒，去掉封口的黄泥和棕叶，根据情况，再蘸些食盐和辣子，即可食用当菜吃。这种茶，看上去色泽发黄，吃起来犹如酸菜一般。但是布朗族同胞，不管男女老少，普遍爱吃。

### 十八、撒拉族的碗子茶



撒拉族，自称“撒拉尔”，史称“沙喇簇”、“撒拉回”、“撒拉”等。他们是由元代迁入青海的中亚撒马尔罕人，与周围藏、回、汉、蒙古等族同胞长期友好相处，发展而成。他们分布在青海省的循化、化隆和甘肃省的积石山、临夏等地，讲汉语，用汉文，多信奉伊斯兰教，喝刮碗子茶是撒拉人的共同爱好。喝刮碗子茶用的碗子，又称“三炮台”，指的就是底有座托（碗子托），中有茶碗，上有碗盖的三件一大套的盖碗。因形如炮台，又盖碗有“三件套”，即碗托、茶碗和碗盖组成，故名三炮台。至于称刮碗子茶，那是因为在喝茶时，一手提碗，一手握碗盖，并有一个用碗盖随手顺碗口由里向外刮几下的过程，目的是用碗盖刮去茶汤面上的漂浮物。同时，还能促

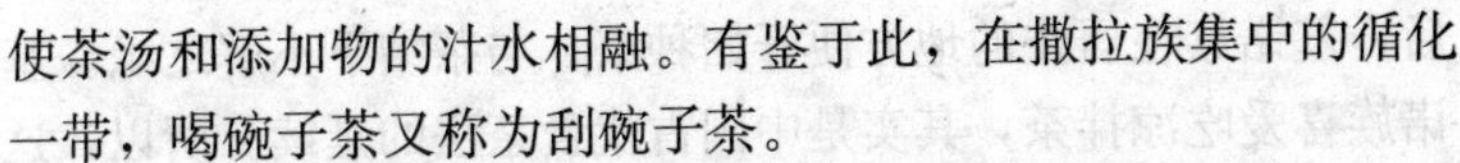

使茶汤和添加物的汁水相融。有鉴于此，在撒拉族集中的循化一带，喝碗子茶又称为刮碗子茶。

按照撒拉族的习惯，喝刮碗子茶，最好选用循化骆驼水冲泡，当地堪称“一绝”。冲泡刮碗子茶，一般不用茯砖茶，而是多用晒青绿茶。冲泡时，习惯于在茶汤中再加上冰糖、枸杞、红枣、葡萄干、桂圆、苹果干之类，有的还会加上菊花、芝麻之类，故也有人美其名为“八宝茶”，即多样化的茶。撒拉族人认为，喝刮碗子茶，次次有味，次次不同味。这是因为在刮碗子茶中，加进了许多食物配料，而各种食物配料中，能浸出的汁水，其溶解的速度是不一样的。一般说来，刮碗子茶需用沸水冲泡，经 5 分钟后，方可开饮。头汁以茶香味为主；二汁时甜味已掺杂其中，故有浓醇透甜之感；三汁开始，虽然茶的滋味已有所减退，但各种干果的滋味已应运而生。一杯刮碗子茶，通常能冲泡 5～6 次，几乎能喝上半天。但次次有新鲜感，使人回味无穷。若能在撒拉人家作客，喝上一杯刮碗子茶，实在也是人生一乐事也！



### 十九、基诺族的凉拌茶和煮茶

基诺族，主要聚居于云南省的西双版纳州，其中以景洪为最多。他们主要从事农业，更善于种茶，其所居境内，即为普洱茶的原产地。说起基诺族种茶、好茶，还流传着一个《女始祖尧白》的故事。说在远古时尧白开天造地，召集各民族去分天地，但基诺族没有参加。尧白请汉族、傣族去请，基诺族也不去参加。最后，尧白亲自去请，基诺族还是不去。最后，尧白只好气得拂袖而去。当尧白走到一座山上时，想到基诺族不参加开天造地，以后生活怎么办？于是，尧白抓了一把茶籽，撒在基诺山下的龙帕寨土地上，从此茶树在此生根、开花。此

后，基诺族在居住的地方便开始种茶，与茶结下不解之缘。基诺族喜爱吃凉拌茶，其实是中国古代食茶法的延续。所以，这是一种较为原始的食茶法，基诺族称它为“拉拔批皮”。

凉拌茶以现采的茶树鲜嫩新梢为主料，再配以适量黄果叶、芝麻粉、元荽（香菜）、姜末、辣椒粉、大蒜末、食盐等经拌匀即可食用。作料品种和用量，可依各人的爱好而定。按基诺族的习惯，制作凉拌茶时，可先将刚采下的鲜嫩茶树新梢，用手稍加搓揉，放在沸腾的滚水中泡一下，随即捞出，放在清洁的碗内。再将新鲜的黄果叶揉碎，辣椒、大蒜切细，连同作料和适量食盐投入盛有茶树新梢的碗中。最后，加上少许泉水，用筷子拌匀，静止一刻钟左右，即可食用。所以，说凉拌茶是一种饮料，还不如说它是一道菜，它主要是在基诺族同胞吃米饭时当作菜吃的。

基诺族的另一种饮茶方式，就是喝煮茶，这种方法在基诺族中也较为常见。其方法是先用茶壶将水煮沸，随即在陶罐内取出适量已经过加工的茶叶，投入到正在沸腾的茶壶内，经 3 分钟左右，当茶叶的汁水已经溶解于水时，即可将壶中的茶注入到竹筒，供人饮用。



竹筒，基诺族既用它当盛具，劳动时可盛茶带到田间饮用；同时，还有用它作饮具的作饮具的竹筒，较短小，因它一头平，便于摆放；另一头斜削，顶部呈半圆形，便于用口吮茶。所以，就地取材制作的竹筒，便成了基诺族喝煮茶的重要器具。如此就地取材制作而成的盛茶筒和饮茶杯，喝起来倒也别有风味。

## 二十、彝族的烤茶和清茶

彝族，不同地区有不同称呼，诸如“诺苏”、“米撒”、“撒

尼”、“阿西”等，它与隋唐时的乌蛮有渊源关系，元、明以来史籍称之为“罗罗”、“倮罗”，主要居住在四川的凉山彝族自治州，其余是大分散，小聚居，在四川各地，以及云南、贵州、广西等省、自治区也有居住。

彝族同胞称茶为“拉”，是最早发现和利用茶的民族之一。据四川凉山彝文《茶经》记载：“彝人社会初始，已在锅中烤制茶叶。”在日常饮食生活中，彝族总是将茶放在酒和肉之先，形成了“一茶二酒三肉”的饮食文化的特色。彝族在举行婚礼时，要诵“寻茶经”；在办丧事时，要诵《茶的根源》；祭祖祀天时，要用茶水献祭祖先和诸神；在诅咒凶邪、招魂超度时，要设“茶祭坛”，茶已渗透到彝族同胞的精神生活之中。

彝族饮茶，饮用方法有两种：一是喝烤茶，二是喝清茶。喝烤茶时，先选用一个土陶罐，也有用铜制作的，拳头大小，肚微突，有护手。先将茶罐在火塘上烤热，然后放上适量绿茶焙烤，边焙边翻动茶罐，使茶焙烤均匀，待茶叶色转黄，发出缕缕焦香时，冲入热水至八分罐满，沸腾2～3分钟后，将茶渣滤去，茶水倒入预先置有盐、炒米、核桃、芝麻等作料的木质或铜质茶碗中即成。烤茶的特点是茶食合一，看起来色如琥珀，尝起来滋味酽甘，闻起来浓香扑鼻。

清茶的制法比较简单，通常是选用清澈的山泉水，盛在铜茶壶内置于火塘边烧热，至沸水壶内的水面冒气时，倒入适量热水至小土陶茶罐要火塘上烧煮。当茶罐内水沸腾时，再在茶罐内放上适量的茶叶，稍加搅拌，待罐内茶汤呈金黄色并发出茶香时，便用钳取出茶罐，当茶罐内茶水停止沸腾时，即可倾出茶汤于茶杯内，便可饮用，而罐中的残茶，还可续水再煮一次。这种清茶与汉族冲泡的头泡茶相比，显然滋味要浓醇得多。

彝族同胞饮茶，通常是早、晚各一次。与其他许多同族不同的是，早茶通常由男主人烧煮。清晨，男主人在煮茶的同时，还会置土豆于火炭中。不多时，茶煮好了，土豆也差不多熟了。于是，一家人便会围在火塘边，一边喝茶（清茶或烤茶），一边吃土豆。其实，早茶是和早餐合二为一的。不过由于第个茶罐的容量有限，烧煮的一罐茶水只能够3～4人喝。何况，第一杯茶得祭灶神爷，祈求家神保佑平安，六畜兴旺，茶粮丰收。而按照彝族的礼规，接下喝茶，还得先长后幼，按辈分饮用。因此，对于大户人家而言，除头开茶外，还得烧煮二开茶或三开茶。对饮尽尚需续饮者，可以交回茶杯，继续添加。早茶毕，一家人外出干活，各行其是。对于上山狩猎的男人们，因需在山上度过一些日子，还得带上茶和荞麦粑粑。饥饿时，将茶和粑粑一同煮食，如此既充饥，又解渴，一举两得。晚茶一般只老人和男子饮用。

彝族饮茶，旧时还有许多规矩，如喝茶时，土司、头人、家长或年长者，可以坐着喝茶，而平民、奴隶则须躬着身子站着喝茶，以表恭敬的样子。如今，这种饮茶礼俗已不多见，通常是男女老少，围着火塘，坐着边饮、边食、边叙，显示出一派和睦气象。



## 二十一、畲族的二道茶和宝塔茶

畲族，自称“山客”，古称“畲民”，主要住在福建、浙江两省。以从事农业为生，长期与汉族杂居，关系十分密切。但有不少生活方式，畲族仍保持本民族的习俗。

畲族是个好客的民族，不论生人熟人，不管客家自家，凡有客进门，总会以茶相待。他们视茶为灵物，认为茶有茶神。所以，平日泡茶前必须洗手，以免玷污茶神。畲族同胞酷爱饮茶，无论男女老少，一日三餐，总是离不开茶。姑娘小伙子找对象，选择在茶山对歌，互吐衷情，以求百年好合。即便是逝者，也忘不了要带一根茶枝归阴间，在举行告别仪式时，有意让逝者手执一根茶枝，以供归阴后作开路转世之用。按照畲族同胞的说法，因为茶枝是神的化身，所以，只要逝者手持一根茶枝，轻轻一拂，即可驱散妖魔，使黑暗变为光明，如此尽快通过阴间归路，早日转生，投个好胎。按照畲族的风习，有客进门，茶是待客的必需礼物，即使客人要在家吃饭，也必须是先饮茶后再上桌就餐！他们认为茶与饭是哥弟的关系，故广泛流传“茶哥米弟”之说，这叫哥弟不分家。可见，茶在畲族同胞中的重要地位。

畲族同胞饮茶方式与汉民族并无异样，只是饮茶的习俗有所不同罢了。一是凡有客进门，不论亲属生疏，不分男女老少，主人就会主动向客人泡茶敬客，不问客人要与否，都要奉茶以示敬意。在一些喜庆场合，一旦贵宾临门，人们还会唱起敬茶歌，以表欢迎。而客人喝茶，必须茶过“二道”：就是主人奉茶时，第一次称冲，二次谓之泡，一冲一泡，才算向客人完成奉茶仪式。倘若客人不饮二道茶就走，视为失礼。倘若客人确实不饮茶，也得预先说明为歉。第三道茶则主随客便。若三道茶后客人还想喝，则主人会重新换茶续水，这称之为二道茶。因为畲族同胞认为，茶是“头碗苦，二碗补，三碗洗洗肚。”因此，以喝二道茶为准。

畲族同胞，凡在红白喜事或节庆，离不开茶。祭灶神要“敬神茶”，订婚“用茶礼”，迎亲要喝“宝塔茶”。这里，最有情趣的当推为饮宝塔茶。饮宝塔茶多在喜庆之日举行，如每当娶亲嫁女办喜事时，在新娘过门之前，一旦花轿进门，哥嫂们就要向来接亲的亲家伯和轿夫敬献宝塔茶。这时只见哥嫂们手

捧红漆樟木八角茶盘，盘子上巧妙地将五碗茶叠成三层。具体做法是一碗作底层；上放一片红漆小木片，找准重心，木片上再放上三碗茶；其上再放上木片做填片，填片上放一碗茶作顶，这样将五小碗茶放置在盘子上，造型好似一座宝塔，故名宝塔茶。哥嫂将宝塔茶端上后，就会献给亲家伯。这时，亲家伯就会在众宾客面前，先用牙齿咬住顶端那一碗茶；紧接着用双手挟起中间的三碗茶，连同底层的一碗茶，分别转送给同来的四位轿夫。奉毕，亲家伯自己则当着众人的面，一口喝干用口咬住的那碗热茶：要是茶水一滴不外溅，显示亲家伯的喝茶工夫到家，其时会享得满堂喝彩声；要不就会遭到嗤声。其实，喝畲族的宝塔茶，与其说喝茶，还不如说它是一次技巧的较量，当然寓意也就在其中了。

## 二十二、德昂族的腌茶

德昂族，主要居住在云南的潞西和镇康，其余分布在云南的盈江、瑞丽、陇川、保山、梁河、耿马等地。德昂族以茶为始祖，认为茶不但生育了人，还生育了日月星辰。因此，德昂人无论居住在何处，都要先种上茶。在历史上，德昂族的先民“濮人”或“茫蛮”，他们以茶为图腾崇拜，认为这种一种超自然力量的使然，是对祖先和神的崇拜。所以，德昂人将茶与祖先、鬼神连在一起，世代相传，一直将茶用于祭祀。敬鬼神要用茶，祀祖宗要用茶，办婚事丧事时也离不开茶。至于日常生活，更是离不开茶、与茶结缘。

德昂族至今仍保留以茶当菜的原始吃茶法。这种茶，其地称之为腌茶。腌茶一般四、五月间雨季进行：先将采回的茶树幼嫩鲜叶洗净，拌上辣椒和适量盐巴后，放入陶缸，层层压紧。在最上面加盖重压，存放数月后，即成腌茶，取出当菜食

用。平时，也可作零食吃。

此外，也有部分德昂族人，有喜欢饮砂罐茶的习惯。饮用时，先用大铜壶将水烧开，另选一只小砂罐，将茶烤至有焦香味时，再将小砂罐中的烤茶，倒入铜壶，冲上开水，烧煮3～5分钟，即可倾入茶碗饮用。这种茶，不但浓香扑鼻，而且滋味强烈，还能提神、解渴、消除疲劳。

## 二十三、普米族的油茶和茶汤

普米族，主要分布在云南的兰坪、宁蒗、维西、丽江等地，多数以从事农业为生。

普米族是一个爱茶的民族，茶是普米族人民家家必备的生活必需品。他们喝茶的方式至今仍保留着古老吃茶法的痕迹。平日，他们饮茶的方式，主要有两种：一是用油炒茶；一种是用茶做成汤料。

普米族煮油茶多数先用一个比拳头大一些的土陶罐，放在火塘上烤热后，随即向罐内加些猪油或香油；再加上一撮米，使罐转动；待米煎黄时，还须加入茶叶抖炒；当茶叶发出焦香时，冲入热开水，煮沸2～3分钟，就可将茶汁滤入茶碗内。按照普米族的茶俗，这时还得在茶碗里加入适量盐巴，以及一种叫火麻子和草果的混合粉，经搅匀后，即可饮用。这种炒制的油茶，其味多样，但仍不失有浓浓的茶香。

另一种炒制油茶的方法也很特别，他们会先将诸如芝麻、黄豆、花生米、糯粑、蕨巴、干笋等分别用油炒黄、炒熟。一一放入碗中待用。尔后，再在锅中放些油，把茶叶也放在油锅中翻炒。待茶叶微黄，并发出焦香时，立即按比例加入清泉水，经煮沸2～3分钟后，捞出茶叶，把茶汤一一倒入已放有各种作料的茶碗中，便成了一碗浓香扑鼻，既解渴又充饥，连

（茶）汤带（食品）料的炒油茶。

普米族人民除了喜欢喝炒油茶外，还习惯喝米面茶。这种茶，除了茶是主料外，还需加入米面。当地有些人还用米面茶当作菜汤吃。米面茶的做法并不复杂：先将做菜的锅或土罐加热，另加入少许猪油或香油，待油加热开始冒烟时，再加上糯米或面翻炒，待糯米或面发出焦香，立即加上水以及适量的茶和盐。待水煮沸 2～3 分钟后，即成了既当茶，又作菜的米面茶。

**二十四、布依族的姑娘茶**

布依族，旧称“仲家”。由古代百越的一个分支发展而来，大多居住在贵州省的南部和西南部，与汉族、苗族长期友好相处，主要从事农业生产，妇女善纺织和蜡染，这是一个好客的民族。茶在布依族人民中，是一种最普通和最必需的饮料。凡有客进门，客来敬茶是不可缺少的礼节。布依族自饮和待客的茶，大多是自制的混合茶。每当春季来临时，布依族妇女都会背上竹篓，上山采茶；然后，还会采上一些具有保健功能的其他植物的嫩枝，然后与茶叶一起加工成茶。冲泡时，他们还会加上一些具有清凉作用的金银花干，如此喝来，既有芬芳醇美之感，又有清热生津的作用，别有一番情趣。住在贵州北盘江畔的布依族兄弟，还生产一种驰名省内外的坡柳茶，历史上曾作为地方名茶而进贡给皇帝。但在布依族加工的茶叶中，最有特色，又相当名贵的则要数姑娘茶了。

姑娘茶的制作加工，也另有一番情意。每当早春清明节前，必须由未出嫁的布依族姑娘亲自上山采茶，采的茶必须是刚冒尖的嫩芽。采回来后，布依族姑娘要亲自精心细制，先要通过热炒，当炒到茶叶仍有一定湿度，叶质还处在柔软状态时，就将茶压成为圆锥体状。布依族称这种茶，为姑娘茶。每卷茶重约50～100克，但每卷茶的形状必须整齐划一，优美中看，当然质量也要格外优良。所以，姑娘茶是布依族的茶中精品所在。平日，这些茶都有当家人保管着，不轻易饮用。只有当贵客进门，或者作为礼品送给要员时，才会取出来。不过，还有一条那是非用不可的，就是当布依族姑娘定亲时，姑娘家一定会以姑娘茶作信物，由姑娘亲手送给情郎。布依族小伙子，也只有在你亲手得到姑娘亲手提给你的姑娘茶时，才表明你已经得到了姑娘的"一片情"。所以，姑娘茶其实就是用纯真精心真情制作的名茶，来象征布依族姑娘的高尚情操和纯洁的爱情。

至于布依族人平时饮茶，已成习俗，所以，一进布依族人的家门，家家都有火塘，户户都在火塘上悬挂着一把热气腾腾的茶壶，它明白的告诉你，布依族人不可一日无茶。

## 二十五、裕固族的"三茶一饭"

裕固族，是由古代河西回鹘后裔与蒙古、汉等族长期相处发展而成，聚居在甘肃的肃南裕固族自治县和酒泉县等地，主要从事畜牧业，兼营农业，由于裕固族人以畜牧为生，所以，茶在生活中占有重要地位。

裕固人通常只吃一顿饭，却喝三次茶。特别是裕固族牧民家，主妇早晨起床后的第一件事，就是煮茶。煮茶用的是铁锅，先将铁锅内的水烧开，放入捣碎后的茯砖茶，一般2升水加50克茯砖茶。通常煮上5～10分钟后，调入二成奶和适量食盐，再用勺子反复搅匀。与此同时，再按需在瓷碗中一一加上酥油和炒面，加上茶汤即成。这时，全家人就席地而坐，共享早茶。中午饮茶，有的还在奶茶里加上用面做的烙饼，此谓

午茶。下午傍晚时再饮一次奶茶，称之谓三茶。裕固族牧民，如此一日三次茶是不可省的。其实，早茶和午茶，严格地说来，是掺茶食品，三茶倒是一种含奶的调饮茶。裕固族一天喝（吃）三次茶，只有晚上放牧归来时，全家人才共进一顿晚餐。在这里，人们才真正体会到在兄弟民族地区流行的一句话："宁可三日无米，不可一日无茶"。

## 二十六、仡佬族的茶泡

仡佬族，与古代僚人有渊源关系，散居在贵州的黔西、织金、遵义、怀仁，以及广西壮族自治区的隆林和云南省的文山等地，主要从事农业。

仡佬族的茶泡，其实是一种佐茶食品。仡佬族喝茶时，喜欢一边喝茶，一边佐食。佐食时，有的还习惯于将佐食的食品，用手撮着，蘸着茶水吃，这种饮茶佐食方式，在其他民族中比较罕见，可谓独树一格。

仡佬族的茶泡种类不少，最常见的制法是将冬瓜削去表皮，切成各种形状的薄片，用凉开水洗净沥干，尔后用糖蜜汁浸渍4～5天，再晾干即成。这种蜜汁冬瓜条，在市场上亦可见到。但仡佬族人喜欢自己浸渍，并称之谓茶泡。茶泡者，只有喝茶时，才能吃到它。如此喝茶佐食，在仡佬地区已经流传了数百年。如今，吃茶泡的习俗依然如初，倘有亲朋进门，吃茶泡就成为一种迎客的礼俗，是绝对不可省的。

# 参 考 文 献

[1] 陈宗懋等．中国茶经．上海文化出版社，1993
[2] 程启坤等．饮茶的科学．上海科技出版社，1987
[3] 姚国坤等．中国茶文化．上海文化出版社，1991
[4] 姚国坤等，中国古代茶具．上海文化出版社，1998
[5] 丁文．茶乘．天马图书有限公司，1999
[6] 刘勤晋等．茶文化学．中国农业出版社，2000
[7] 王存礼等．享受饮茶．农村读物出版社，2003

# 后　记

茶，源于中国，兴于亚洲，传播于世界，所以，中国被称为“茶的祖国”。

由于中国人最早饮茶，所以，也最懂得饮茶的真趣。现今，全世界有近 60 个国家种茶，150 多个国家和地区的人民在饮茶，饮茶人数超过全球总人口的一半以上，茶已成为世界“三大饮料”（茶、咖啡和可可）之首。而追根溯源，这些国家种茶用的茶种，以及饮茶的习俗，都直接或间接地出自中国，中国也就成了世界饮茶文化的发祥地。

饮茶习俗，是茶文化的重要组成部分，是植根于中华大地的先进文化，让沉积深厚、丰富多彩的饮茶文化重放异彩，发扬光大，并为广大群众共享，必将有助推动茶馆业和旅游业的发展，有利于繁荣茶文化和促进茶叶经济，有利于开创茶文化事业的新局面，这就是我们写这本书的意愿和期望。

饮茶习俗，内容繁复，涉及的知识面广，与民俗、历史、地理、人文学等学科都有密切关系。我们虽然工作多年，但对涉及的许多知识领域，仍然显得知识不足，可能说了一些并不在行的话。好在我们写这本书的目的，有抛砖引玉之意。还应

特别声明的是，我们在写这本书时，参考了不少茶文化的史籍和著述；同时，也得到了许多同仁的帮助，为我们提供了资料和照片，在此深表谢意。

中国国际茶文化研究会　姚国坤
浙江树人大学人文学院　朱红缨
国家商检局杭州培训中心　姚作为
2002年12月于杭州

图书在版编目（CIP）数据

饮茶习俗/姚国坤等编著.—北京：中国农业出版社，2003.4（2007.4重印）
（中国茶文化丛书）
ISBN 978-7-109-08268-7

Ⅰ.饮… Ⅱ.姚… Ⅲ.茶-文化-中国 Ⅳ.TS971

中国版本图书馆CIP数据核字（2003）第014317号

中国农业出版社出版
（北京市朝阳区农展馆北路2号）
（邮政编码100026）
责任编辑 穆祥桐

北京智力达印刷有限公司印刷 新华书店北京发行所发行
2003年4月第1版 2007年4月北京第2次印刷

开本：850mm×1168mm 1/32 印张：7 插页：2
字数：172千字 印数：6 001～12 000册
定价：18.00元